JN295792

大人の初等数学

― 式と図形のおもしろ数学史 ―

片野善一郎 著

東京 裳華房 発行

ELEMENTARY MATHEMATICS FOR ADULTS

by

ZEN-ICHIRO KATANO

SHOKABO
TOKYO

R 〈日本複写権センター委託出版物〉

まえがき

　かつて，中等学校の数学は算術・代数（2次方程式の程度まで）・ユークリッド幾何・平面三角法などが主流だった．それが，数学教育の現代化が叫ばれるようになってから，ユークリッド幾何などは，現代数学の学習にはほとんど役立たないという理由から学校数学から追放されてしまった．しかし，考えてみると，中・高等学校で数学を学んでいる人の大部分は将来，現代数学を学ぶための予備として学んでいるわけではない．物理学者の湯川秀樹は，ユークリッド幾何のもつ明晰さと単純さ，透徹した論理にひかれてその勉強に熱中し，それを通して考えることの喜びを教えられたと述べている．中等学校時代に，自力で問題が解けたときの喜び，快感を味わい，数学によって考えることの楽しみを知り，数学者になったという人はたくさんいる．ユークリッド幾何での発見の喜びは数学者の発見の喜びと同じだといった数学者もいる．この数学者は，最近，大学における数学科の学生で落伍者が増えているのは，初等幾何をやらなかったため，真の数学での発見の喜びを体得していないためではないかともいっている．こういうことから考えるとユークリッド幾何も数学の学習にとって全く無意義とはいえないようにも思える．初等数学の内容は2千年以上の長い歴史をもつものである．それらの歴史的背景を合わせて，初等数学の内容を考えてみると，一層興味のあるものであることがわかる．

　ところで，わが国で読まれている「初等数学の歴史」で有名なのは『カジョリの初等数学史』である．この本の初版は1917年であるが，翌年には一戸直蔵によって日本で翻訳出版されている．また，小倉金之助は井出弥門と共訳で1928年に山海堂から翻訳出版し，その後，1955年に改訳版を小山書店から出版した．1970年には共立出版から「共立全書」として出版された．

最近，同書の復刻版が同じ出版社から刊行されている．とにかく日本で読まれるようになってから90年近くにもなる本である．改版のつど訳者が詳細な注解を加えているので，現在では原本とは見違えるような本になっている．この本は，標題にあるように，「教授方法についての助言」が多く書かれているのが特色で，これが教育関係者に読まれている理由でもある．ただ，いわゆる通史であって，特殊な分野について知りたいと思う人には多少不満が残る．

私のこの本は通史では十分に書けなかったような，初等数学上の興味あるいくつかのトピックスを例として，学校数学では教えてもらえなかった，初等数学誕生の様々な歴史的背景を書いたものである．こういう歴史的背景とともに初等数学を見直してみると我々の想像以上に面白いものだということがわかる．

小学校から大学まで，学校で算数・数学を教えている先生方には，この本に書かれているようなことを，ぜひ参考にしてもらいたい．できれば，こういう歴史的背景をもっと利用して教え方を工夫して欲しいと願っている．極端にいえば，最近の先生の講義には"なぜ，どうして"が欠けているのである．教師にはもっと教材の歴史的な背景や，使う用語や記号などにも配慮して教えてほしいと思っている．教師にそういう素養がないと魅力のある授業はできない．そして，こういうことが教師の指導力不足といわれる一因にもなっているのである．

この本は算数・数学関係者だけでなく，数学を学んでいる生徒・学生の皆さんにも読んでいただいて初等数学の魅力を再認識してほしいと願っている．

2006年4月

著　者

目　　次

第I部　数式編

1. 60進法の由来とそれがもたらしたもの
   - 1-1　メートル法の単位は10進法になっているか ……………… 2
   - 1-2　面倒な60進法，いつまでも捨てきれない古い慣習 ………… 4
   - 1-3　時間の単位を10進法にしたこともあった ……………… 6
   - 1-4　60という単位は，いつ，どのように創られたのか ………… 6
   - 1-5　ギリシアの天文学者が60進法を定着させた ……………… 8
   - 1-6　15世紀まで行われた60進小数による計算 ……………… 12
   - 1-7　60進小数や分数の計算から逃れるための工夫 …………… 13

2. ピタゴラスはなぜ数を重視したのか
   - 2-1　ピタゴラスの思想 …………………………………… 16
   - 2-2　魂を浄化するには音楽が有効である ……………………… 17
   - 2-3　音階の研究から数の研究へ進む ………………………… 21
   - 2-4　数と図形とを関係づける ………………………………… 24
   - 2-5　ピタゴラス学派を驚かした5角形の秘密 ……………… 30

3. 方程式の歴史から学ぶこと
   - 3-1　方程式の歴史は代数学の歴史である ……………………… 32
   - 3-2　「方程」とは数を一定のきまりに従って四角に並べることである ……………………………………………………… 33
   - 3-3　西欧の代数の基礎となったアラビアの代数は「言葉の代数」だった ……………………………………………………… 36

3-4	計算で2次方程式を解いたインド人	42
3-5	現在のような代数記号が使われるようになるまで5世紀もかかった	44
3-6	3次方程式から生まれた虚数	47

4. 鶴亀算とその類型問題

4-1	鶴亀算の由来	53
4-2	鶴亀算の類型問題	55
4-3	鶴亀算の図解	58
4-4	動物が3種以上になったらどうなるか	59

5. 詩文で書かれた数学の問題

5-1	ディオファントスは何歳まで生きたか	61
5-2	インドの数学書の問題	62
5-3	漢詩で書かれた中国の数学問題	63
5-4	ロシアの数学書の問題	66
5-5	江戸時代の数学書の問題	67
5-6	数学の公式を詠んだ歌	72

6. 古算書にみられる利息の計算

6-1	古代バビロニア時代からあった利息の計算	74
6-2	身分が低い人ほど高金利だった古代インドの利息計算	76
6-3	年賦返済のような方法もあった古代中国の利息計算	78
6-4	奈良時代に行われた稲の貸付では利息が5割だった	81
6-5	江戸時代の庶民の金融組織「頼母子講」	82
6-6	江戸時代初期には貸米の複利計算が行われていた	83
6-7	江戸初期の利息計算では西洋のパーセントに当たる文子が使われた	85
6-8	月ごとの複利計算の問題が扱われている『塵劫記』	86

6-9　元銀と元金が混在している幕末の和算書 ………… 87

7. 暦の基礎知識と数理
　　7-1　暦は暦法といわれて人間生活の規範だった ………… 90
　　7-2　太陽暦の歴史 — ユリウス暦からグレゴリオ暦へ ………… 91
　　7-3　現行暦の問題点 — 閏年のおき方 ………… 92
　　7-4　江戸時代に日本人が使っていた暦 — 太陰太陽暦 ………… 95
　　7-5　日本が太陽暦を採用したのは明治6年 ………… 96
　　7-6　太陰暦での閏年のおき方 ………… 98
　　7-7　現在も残っている旧暦の名残の干支 ………… 99
　　7-8　西暦年数から干支を求める方法 ………… 102

第II部　図形編

1. 嫌われたユークリッド幾何
　　1-1　ユークリッド『原論』はどのようにして創られたか ………… 106
　　1-2　ユークリッド幾何を笑った哲学者たち ………… 111
　　1-3　ユークリッドに悩まされた中世の学生たち ………… 112
　　1-4　初等幾何学に魅せられた人たち ………… 118
　　1-5　初等幾何学の教育的価値 ………… 121

2. ナポレオンが解いた作図問題
　　2-1　コンパスだけで円を4等分する問題 ………… 124
　　2-2　初等幾何の作図問題ではなぜコンパスと定規だけしか使ってはいけないのか ………… 127

3. 蜜蜂の巣はなぜ正六角形なのか
　　3-1　ギリシアのパッポスの本にある「蜜蜂の巣の話」 ………… 135
　　3-2　等周図形では円が最大の面積をもつことの実証 ………… 136

3-3　ギリシアのゼノドロスの『等周図形論』 ……………………… 139

4. 円周率計算のはじまり
4-1　古代中国の円周率 ……………………………………………… 143
4-2　古代中国の円周率の研究 ……………………………………… 146
4-3　江戸初期の和算家の円周率の研究 …………………………… 151
4-4　ギリシアのアルキメデスの円の研究 ………………………… 154

5. 角錐・円錐・球の求積
5-1　角錐・円錐の体積の求め方の説明 …………………………… 161
5-2　球の表面積と体積の求め方の説明 …………………………… 168
5-3　和算家の球の体積の計算法 …………………………………… 175

6. ヘロンの公式について
6-1　ヘロンの公式の導き方 ………………………………………… 179
6-2　ヘロン自身が行った幾何学的方法 …………………………… 181
6-3　ヘロンが書いているもう一つの方法 ………………………… 182
6-4　インドの数学書にでている三辺から面積を求める方法 …… 183
6-5　三辺から面積を求める和算家の方法 ………………………… 185
6-6　中国数学書にある三辺から面積を求める方法 ……………… 186
6-7　ヘロンの公式のもう一つの幾何学的証明法 ………………… 186

7. コンパス，三角定規，分度器の由来
7-1　コンパスと定規のはじまり …………………………………… 189
7-2　日本での定規とコンパスのはじまり ………………………… 193
7-3　三角定規のはじまり …………………………………………… 196
7-4　分度器のはじまり ……………………………………………… 198

参考文献 ……………………………………………………………… 202

第Ⅰ部

数 式 編

1. 60進法の由来とそれがもたらしたもの

1-1 メートル法の単位は10進法になっているか

　漢数字は10進法である．一の10倍が十，十の10倍が百，百の10倍が千となっている．位取り記数法ではないから，10倍ごとに新しい記号を作らなければならない．インド・アラビア数字は「10進法＋位取り記数法」だから，たった10個の数字でどんなに大きな数でも書き表すことができる．こんなことは誰でも知っていることだが，あるとき，小学校の先生の講習会で計量単位の話をしたとき，驚くべきことがあった．平成14年から施行されている学習指導要領によると，小学校2年生で，メートル，センチメートル，ミリメートルを教え，3年生でキロメートルを教えることになっている．1キロメートル＝1000メートル，1メートル＝100センチメートル，1センチメートル＝10ミリメートル　である．そこで私は，「メートル法の単位は10進法ですか」と質問してみた．先生たちは，板書をみながら，「多分そうではないかと思う」といった自信のない返事をした．メートル法の基準の長さは1メートルであるが，その10倍，100倍，1/10倍の単位名を知らないので，自信のない答えになってしまったものと思われる．

　メートル法の単位名は完全な10進法になっている．1メートルの10倍はデカメートル（deca-，ギリシア語の10），デカメートルの10倍はヘクトメートル（hecto-，ギリシア語の100）という単位がある．ヘクトメートルの10倍がキロメートル（killo-，ギリシア語の1000）である．

　1メートルより小さい方では，1メートルの 1/10 がデシメートル（deci-，ラテン語の10），その 1/10 がセンチメートル（centi-，ラテン語の100），

その 1/10 がミリメートル (milli-, ラテン語の 1000) となっている．昔は，こういう単位をみんな教えることになっていたが，現在は，あまり使われないので教えない．したがって，先生たちも小学生のときに教わらなかったし，また大学の教育学部の授業でも教えてくれない．だから知らないのである．

「キロキロとヘクトデカけたメートルが，デシに追われて (デシをとられて) センチミリミリ」という妙な歌を教えられたが，いまだに覚えている．先生になるような人には，メートル法の単位名ぐらいはしっかり教えてほしいと思った．

10 進法でもう一つ私の経験した面白い話がある．やはり小学校の先生の講習会で，歩合や百分率の話をしたとき，小数の単位名を説明した．日本では 1 の 1/10 を分，分の 1/10 を厘，厘の 1/10 を毛と呼んでいる．これは 10 進法の小数であるといって，小数第 1 位を分，第 2 位に厘，第 3 位に毛と板書した．そのとき，担当の指導主事から，1 割 5 分は 0.15 だから分は小数第 2 位であって，1/100 のことではないのか，という質問を受けた．分・厘・毛は小数の呼称である．割合では割 (1/10) が単位 (1) として用いられているため，より詳しい計算をするときには，小数の名称を適用して割の 1/10 を分と呼んだのであって，分は小数第 2 位の呼称ではない．温度の単位は度であるから，それより小さい部分はやはり分を使って 8 度 5 分のように呼ぶのである．小数で表せば 8.5 度である．長さの単位でいえば尺の 1/10 が寸でその下は単位名がないので分を使って，3 寸 5 分のように表したのである．1 尺 3 寸 5 分を尺を単位とした小数で表せば 1.35 尺であって，このときの分は直前の単位である寸に対するものである．

現在の学校教育ではこうした基礎的な部分がおろそかにされている．必要がなければ無理に教えなくてもよいかもしれないが，少なくとも教師になるような人には，この程度の知識をもってほしいものである．

数学などのように長い歴史の上につくり上げられた学問では，こうした歴

史の知識は極めて大切なのである．というより，歴史の知識をもっていないと完全に理解できないといった方が適切かもしれない．

1-2 面倒な60進法，いつまでも捨てきれない古い慣習

さて，1 m 35 cm 8 mm をメートル単位で表せば 1.358 m である．ところが，1時間35分8秒を時間単位で表すには $1 + \frac{35}{60} + \frac{8}{3600}$ という計算をしなければならない．この2つの分数は分子が分母で割り切れないから小数に直すことはできない．端数部分は $\frac{2108}{3600} = \frac{527}{900}$ で，これ以上簡単にはならない．小数にすると 0.585555… という数になる．つまり分数のままにするか，近似値として表すしかない．

現在，我々が使っている数字が10進法で構成されているのだから，計量単位も10進法になっているのが都合がよいわけである．メートル法の単位系は完全な10進法になっているから10進法の数組織に適合しているが，時間と角度の単位だけは60進法なので計算が面倒になってしまうのである．我々の日常生活と密接な関係にある計量単位でも10進法になっていないものがある．どうして10進法に改めないのだろうかと誰もが疑問に思うはずである．

メートル法はフランス革命後につくられ，1875年には世界の主要国がメートル条約を締結して参加した．アメリカはこの条約を批准したが，イギリスはメートル法の使用は認めたが条約には参加しなかった．この2つの世界の大国は20世紀までは古いヤードポンド法からなかなか抜け出せなかった．イギリスなどは1884年にメートル条約に加盟しているのだが，ようやく2000年1月からメートル法の完全実施に移行したという有様である．一般市民の間ではその後も依然として伝統的な計量単位が使われて，2000年4

月に，バナナをポンドで売ってポンド秤(はかり)を没収され，6か月以内に新しい秤で売らないと2000ポンドの罰金に処するという処罰を受けた果物屋の記事が新聞にでていた．

アメリカも同様である．アメリカでは1975年にメートル法への転換の法律が可決されたのだが，1982年，強いアメリカを標榜するレーガン政権によって，この法律は凍結されてしまった．1995年の日米欧による宇宙基地の建設にあたって，アメリカのNASA（航空宇宙局）は部品をインチ・ポンドでつくった．他の国の部品と接合する箇所はメートル法とインチ・ポンドを併記するという始末であった．

ヤードポンド法では，1マイル＝1760ヤード，1ヤード＝3フィート，1フィート＝12インチ，1ポンド＝16オンス といった複雑なものである．こういう計量単位でも長年使いなれたものは簡単に捨てきれないでいるわけである．面白い例がある．石油の計量単位はメートル法ではキロリットルであるが，中東の産油国やアメリカ，イギリスなどではいまだにバーレルという単位を使っている．バーレル(barrel)は胴の膨れた木の樽，つまりビヤ樽のことである．アメリカで1850年代に石油の機械ボーリングが始まった頃，主生産地だったペンシルヴァニア地方では50ガロン[*]入りの木の樽に噴き出す原油を入れて町へ運んだ．この当時の輸送はもちろん馬車であったが，道路も悪かったし取り扱いも乱暴であったため，町へ着いて買い手に渡る頃には42ガロン程に目減りしてしまったという．そこで，1バーレル＝42ガロン という半端な関係が生まれてしまったのである．それが鉄製ドラム缶やタンカーやパイプラインなどの新しい輸送手段が完備した現在でも古い慣習がそのまま使われているというわけである．

---

[*] 1ガロンはアメリカでは約3.785リットル，42ガロンは約159リットルになる．

1-3 時間の単位を10進法にしたこともあった

　面倒な60進法を改めようとする努力も行われてきた．メートル法はフランス革命直後にフランス議会で成立したものであるが，メートル法と同時に共和暦も採用された．1年を12か月，1か月を30日として，年末に5日の余日をおく．それらを「徳の日，才能の日，労働の日，言論の日，補償の日」とし，閏日は「革命の日」として祭日とする．1か月の30日を10日の旬日に分け，10日目ごとに休日をおく．1日は夜半に始まり，1年は太陽が秋分点を通過する日を初めとする，というものだった．このとき時間の単位も改めて，1日＝10時間，1時間＝100分，1分＝100秒 とすることも決定されたのである．

　この制度に合せた時計も製造されたのであるが，この革命暦は評判が悪く，1793年に施行されてから，わずか13年後の1806年には廃止されてしまった．1週間＝7日，1日＝24時間，1時間＝60分 に逆戻りしたわけである．合理的でありさえすれば何でもよいというわけにはいかなかったのである．ただメートル法だけは古い単位と共存しながら生き残ったというわけである．

1-4 60という単位は，いつ，どのように創られたのか

　現在の60進法は紀元前3000年頃，現在のイラク中部のメソポタミアに都市国家をつくって繁栄したシュメール人の間で使われだしたものといわれている．シュメール人は楔形の文字∨を使って数を表したことで知られており，楔形文字は縦∨(1)と横＜(10)の2種類であった．例えば，59ならば横を5つ，縦を9つ並べて表す．ところが，60になると縦∨が1つになる．ゼロ記号はなかったが，仮に・で表して，∨・と書けば，最初の

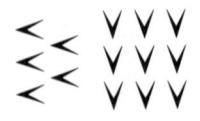

I-4 60という単位は，いつ，どのように創られたのか

∨は 60 を表すのである．我々が 10 と書いたとき，最初の 1 がジュウを表すのと同じである．

シュメールの後，メソポタミア地域はバビロニア，アッシリアなどの国家が興亡を繰り返しているが，60 進法は引き継がれて広く使われていった．

シュメール人はどうして 60 などという単位を考えたのだろうか．これにはいろいろな説があってはっきりしないのである．一説は，1 年を 360 日（と 5 日の余日）とし，それを円で表したとき，円周を半径で区切っていくとちょうど 6 等分できる．その 1/6 の 60（日）を基本の数としたのだろうという説である．もっと説得力のあるものとしては，重さの計量単位の統一から生まれたという説がある．シュメール時代に穀物の重さを量る単位として，現在の約 500 g に当たるミナと呼ばれる分銅が使われていた．また，それとは別に貨幣としての金銀の重さを量る単位として現在の約 8.36 g に相当するシケルと呼ばれる分銅が使われていた．やがて，このミナとシケルの関係を正確に定める必要性から，1 ミナ ＝ 60 シケル という関係が定められたのではないかというのである．さらにギリシア時代になると，より大きい単位として，1 タラント ＝ 60 ミナ がつくられている．後にタラントはタレントになった．聖書に，才能に応じてタラントを分けたという話から，タレント（talent）は才能の意味に使われるようになったようである．

とにかく，貨幣の単位は生活に密着したものだから人々の間に定着していった．そして，それを記録する数の書き表し方も，60 を基本とする数組織に次第に変えられていったのではないかという説である．

バビロニアの粘土板には $\sqrt{2}$ が「1 ; 24, 51, 10」というような 60 進法で表されているものが発見されている．"；"とか"，"は便宜的につけたもので，実際のものには使われていない．ある間隔をおいて数が並べられているだけであった．位取りは自分で判断するのである．この数は 10

進法で書き表すと，

$$1 + \frac{24}{60} + \frac{51}{60^2} + \frac{10}{60^3} = 1.41421296\cdots$$

となる．$\sqrt{2}$ の値は 1.41421362… だから，かなり詳しい値である．

1-5 ギリシアの天文学者が60進法を定着させた

　メソポタミア文明と同時代に文明の栄えたエジプトでは分数が使われていた．しかも，分子が1である単位分数が中心だったため，その計算は実に複雑なものであった．紀元前1650年頃につくられたといわれているリンド・パピルスには，最初に2を5から101までの奇数で割った商を，単位分数の和で表す表が載せられている．

$$\frac{2}{5} = \frac{1}{3} + \frac{1}{15}, \quad \frac{2}{7} = \frac{1}{4} + \frac{1}{28}, \quad \cdots\cdots,$$

$$\frac{2}{101} = \frac{1}{101} + \frac{1}{202} + \frac{1}{303} + \frac{1}{606}$$

というものである．

　この本では，$10 \div \left(1 + \frac{1}{2} + \frac{1}{4}\right)$ の答えは $5 + \frac{1}{2} + \frac{1}{7} + \frac{1}{14}$ となっている．これは，$10 \div \frac{7}{4}$ だから $\frac{40}{7} = 5\frac{5}{7}$ である．この計算をエジプト人は次のようにやっている（当時は加法の記号はない）．

1*	1　1/2　1/4	注(1)	(1　1/2　1/4)×4 = 7 だから
2	3　1/2		(1　1/2　1/4)×1/7 = 1/4
4*	7		である．
1/7*	1/4 (1)	(2)	(1/4　1/28) = 2/7 だから，
1/4　1/28	1/2 (2)		1/4×2 = 1/2
1/2　1/14*	1		となる．

I-5 ギリシアの天文学者が60進法を定着させた

ここで＊がついた行の右側の数字を合計すると,

$$1 + \frac{1}{2} + \frac{1}{4} + 7 + \frac{1}{4} + 1 = 10$$

になる. そこで＊がついた行の数の合計

$$1 + 4 + \frac{1}{7} + \frac{1}{2} + \frac{1}{14} = 5 + \frac{1}{2} + \frac{1}{7} + \frac{1}{14}$$

が答えになる.

　エジプト人は割り算を掛け算の逆算として行っている. その掛け算は2倍, 10倍, 1/2倍の和として求めるのである. 例えば, 7倍なら $7 = 1 + 2 + 2^2$ のように, 1倍, 2倍, $2^2 = 4$ 倍の和として求めるのである. 実に面倒な計算法である.

　メソポタミアやエジプトから数学を学び, 現在の数学の基礎を作り上げたギリシアの数学者たち, 例えばアルキメデスのような人も, 細密な計算には面倒なエジプトの分数を使わずに, バビロニアの60進小数を使っていた. 60進小数は整数と同様に計算できるという便利さがあるからである. 三角形の面積を三辺の長さから計算する公式（p.179参照）で有名なヘロンのように, 時には単位分数を使った人もいたようである. そのためヘロンはエジプト人ではないかという説が上がったようである. 現実にはヘロンも60進小数を使っていたのである.

　ギリシアで具体的に60進小数がどのように取り入れられたのかみてみよう. 天動説で有名な天文学者プトレマイオス（英語ではトレミー）は, 天体の大きさや距離の測定に利用するために円の弦の表をつくったが, 彼の計算は"60"を意識して, 円の半径を60とし, 直径を120として行われている. 円周率を3とすれば, 円周の長さは360である. プトレマイオスは円の弧の測定単位として円の中心角の 1/360 を使い, 中心角60度の弦を 60^p で表した. p は partie（部分）の頭文字である. 後になって, 角度の単位として degree（度）が使われるようになった. degree は「de + gradus（段, 地

プトレマイオスの弦の表

弧	弦		
30°	31^P	3′	30″
60	60	0	0
90	84	51	10
120	103	55	23
180	120	0	0

位, step)」という意味である．英語のグレード（grade）もこれからつくられたものである．度の 1/60 を第 1 の小部分（part minute primal），$1/60^2$ を第 2 の小部分（part minute second）と呼んだ．minute は小さいとか微細という意味，second は第 2 という意味であり，これらが分および秒と訳されたのである．漢字の度は，音符「庶」の略体 +「又」(手) で，尺（尺取り虫のように手尺で一つ二つとわたって長さを測る）と同系の言葉だという．このことから，度は「はかる，ものさし」の意味に使われるようになった．分は「八（左右に分ける）+ 刀」で，刀で切り分けるという意味であり，1.5 匁を 1 匁 5 分のように呼んだ．秒は稲の穂先の毛，"のぎ（芒）"を表す文字である．

さて，半径を 60 とすれば，中心角 60° の弦は 60，中心角 90° の弦は $60\sqrt{2} = 84.8528\cdots$ であるが，60 進法では 84 ; 51, 10 となる．

こういう数値による乗除は実に面倒なのである．面倒でも他により良い方法がないのだから，やむを得ない．

プトレマイオスの『天文学体系』に注釈をつけたアレクサンドリアのテオン（380 年頃）による

$$1515\ 20'\ 15'' \div 25\ 12'\ 10'' = 60\ 7'\ 33''$$

の計算を次頁に示しておく．

I-5 ギリシアの天文学者が60進法を定着させた

⟨ 60進法による計算例 ⟩

除　数	被除数	商
25　12′ 10″	1515　20′　15″	

$$25 \cdot 60 = 1500 \quad\quad 第1項\ 60$$

　　　　　　　余り　15 = 900′
　　　　　　　和　　　920
　　　　12′ · 60 ＝　720′
　　　　　　　余り　　200′
　　　　10″ · 60 ＝　　10′
　　　　　　　余り　　190′
　　　　25 · 7′ ＝　　175′　　　　第2項　7′
　　　　　　　余り　15′ = 900″
　　　　　　　和　　　　915″
　　　　12′ · 7′ ＝　　　84″
　　　　　　　余り　　　831″
　　　　10″ · 7′ ＝　　1″ 10‴
　　　　　　　余り　829″ 50‴
　　　　25 · 33″ ＝　825″　　　　第3項　33″
　　　　　　　余り　4″ 50‴ = 290‴
　　　　12′ · 33″ ＝　　　396‴
　　　　　　　過剰　　　　106‴

1-6 15世紀まで行われた60進小数による計算

　現在の小数が西欧で発明される16世紀末までは，数学者や天文学者たちは，みんな60進小数を利用していた．

　14世紀のある数学者は，
$$3\ 23'\ 54'' \div 2\ 34'\ 24'' = 1\ 19'\ 14''$$
つまり
$$\left(3+\frac{23}{60}+\frac{54}{60^2}\right) \div \left(2+\frac{34}{60}+\frac{24}{60^2}\right) = 1+\frac{19}{60}+\frac{14}{60^2}$$
の計算を右下の式のように書いている．

　この計算は $3\ 23'\ 54'' = 3\times 60^2 + 23\times 60 + 54 = 12234''$，同様に $2\ 34'\ 24'' = 9264''$．こうして一番下の位に直してから，整数として計算するのである．

　$12234 \div 9264 = 1$ 余り 2970，余りの2970を60倍して 178200，$178200 \div 9264 = 19$ 余り 2184 である．さらに，$2184 \times 60 = 131040$ として $131040 \div 9264 = 14$ 余り 1344 のように続けるわけである．

　3時間23分54秒 ÷ 2時間34分24秒 という計算においても上のようにしなければならないのである．日本でも，戦前の小学校の算数ではこういう計算もさせられていたのである．

3	23′	54″
2	34′	24″
12234		1
9264		
2970		
178200		19
9264		
2184		
131040		14
9264		
1344		

　$\sqrt{2}$ は60進法で $1;24, 51, 10$ であるから，これを2乗すれば2になる．この掛け算は次頁の図式のように行う．計算は整数と全く同じように行うことができるのである．ただし，$(\sqrt{2})^2 = 2$ であるが，60進法で表した $\sqrt{2}$ の値が近似値であるから，結果も近似値であるのは当然である．

⟨ $\sqrt{2} \times \sqrt{2} = 1;59, 59, 59, 38, 1, 40$ の計算 ⟩

				1	24	51	10
				1	24	51	10
				10	240	510	100
			51	1224	2601	510	
		24	576	1224	240		
	1	24	51	10			
	1	48	678	2468	3081	1020	100
		11	41	51	17	1	**40**
		59	719	2519	3098	1021	
			59	**59**	**38**	**1**	

1-7 60進小数や分数の計算から逃れるための工夫

小数が発明されるまで,とにかく計算は専門家にとっても面倒なものであったが,一般人にはあまり関係のないことであった.ところが,15,6世紀になると商工業が盛んとなり,商人たちはどうしても精密な計算をしなければならなくなった.特に,利息の計算,それも複利計算になるとお手上げであった.

利率は 1/12, 1/20, 1/25 などのように分数で表されていたため,分母が2桁以上になると分数の計算は商人たちにとって面倒なことであった.ドイツ語に " in die Bruche gehen " (分数へ入る) という言葉があって,意味は"訳が分らなくなる"である.つまり分数へ入ると途端に分らなくなるということらしい.

分数の計算には数学者さえ悩まされたようであった.英語で"掛ける"は" multiple "であるが,この語には"増える"という意味がある.旧約聖書に"生めよ,増えよ,地に満てよ"という神の言葉がでてくるが,この"増

える"が multiply である．ところが分数を掛けると小さくなるのはどうしてか．このことが数学者にもなかなかうまく説明できなかった．15世紀のイタリアのパチオリは，例えば，$\frac{1}{2} \times \frac{1}{2} = \frac{1}{4}$ という計算は，$\frac{1}{2}$ を長さとすれば，$\frac{1}{4}$ は面積である．面積は長さより価値の高いものであるから，数値は少なくなっても決して減ったことにはならない，といったような苦しい説明をしている．

そのうち，利息の簡単な計算を分数を使わずに整数の計算として行う方法を商人たちは考え出した．$\frac{8}{25}$ なら，$\frac{32}{100}$ だから「100について32」と考えるのである．3500 の $\frac{8}{25}$ なら，$3500 \div 100 \times 32 = 1120$ と計算すれば分数を使わなくてもすむわけである．これが西洋のパーセントである．per cent は文字通り「100について，いくら」という意味である．しかし，こうした工夫も複利計算になるとどうしても大変になる．「100について，いくら」という考え方は 10 進小数が使われていた日本の江戸時代の初めの算書にもみられる．毛利重能の『割算書』(1622年) には，100匁について1匁の割合の利子を1文子と呼んで利息の計算に使っている．

さて，このように，多くの人たちが計算を必要とする現状をみて，複雑な分数の計算を整数と同じようにする方法を考えだしたのがベルギーのシモン・ステビン (約1548～約1620) である．ステビンは若い頃アントワープで商店の番頭をしていたが，後にオランダ軍の経理部長になった人であるから若い頃から計算には苦労してきたはずである．彼は 1585 年に『小数論』(La Disme) を著した．これが現在の小数の始まりである．

ところで，ステビンが考えた小数というのは中国や日本の小数と違って，十進分数つまり 10^n を分母とする特別な分数であった．日本の小数というのは，一の十倍を十，十の十倍を百という考え方を一より小さい方へ拡張し

て，十集まって一になる数を分，十集まって分になる数を厘というようにつくられたものである．これに対してステビンの考えた小数というのは，$\frac{1}{10}$, $\frac{1}{100}$, $\frac{1}{1000}$ を単位とした分数なのである．小数は英語で decimal とか decimal fraction というが，decimal はラテン語の decimus（1/10）を意味する言葉からつくられたものである．分数は英語では fraction という．これはラテン語の frangere（細片に壊す，割る，砕く）という言葉からつくられたものである．英語には break（物を細片に壊す，割る，砕く）という言葉がある．そこで，分数はしばしば broken number と呼ばれることもあった．

ステビンは整数を単位 unit と呼んで⓪で表した．単位の 1/10 は prime と呼び①で表し，prime の 1/10 は second と呼び②で表すというものであった．5.912 は 5⓪9①1②2③ のように書き表した．0.000378 × 0.54 の計算は右のように行われている．被乗数の最後の 8 は小数以下 6 位の数で，乗数の最後の数 4 は小数以下 2 位の数であるから，積の最後の数 2 は小数以下 6＋2＝8 位の数になるというように計算する．

```
          ④⑤⑥
          3 7 8
            5 4 ②
          ───────
          1 5 1 2
          1 8 9 0
          2 0 4 1 2
          ④⑤⑥⑦⑧
```

小数の発明によって計算の問題は決して解決したわけではない．西欧各国が海外市場の獲得に乗りだすようになると，遠洋航海の技術が研究され，海上での船の位置を知るために星の観測が必要になった．そのためには天文学上の詳しい大量の計算，特に三角関数の計算が必要になったのである．一方，商人たちの複利計算もますます精密になっていった．年 6％で 1 年ごとの複利にすると，10 年後の元利合計は $(1+0.06)^{10}$ を計算しなければならないが，これを筆算でやることは容易ではない．こうした，さまざまな要望に応えて，17 世紀に対数が創造されるのである．

2. ピタゴラスはなぜ数を重視したのか

2-1 ピタゴラスの思想

　ピタゴラスの思想の根底をなすものは輪廻転生つまり魂の不死であった.「肉体は墓である」という言葉がある. 魂は神のもとにあって, それが運命によって物体に宿るとき, 人になったり, 犬になったり, 鶏になったりするという考えである. ピタゴラス自身も輪廻転生の理論を実証するために, 鶏, 魚, 馬, 蛙はおろか海綿にすらなったという説もある. 魂の輪廻転生という考えはエジプトで学んだようである.

　ピタゴラスが魂の輪廻転生を信じていたことを裏付ける逸話がある. あるとき, 町で子犬が子どもに苛められているのに出会った. 子犬の泣き声を聞いたピタゴラスは「よせ, ぶたないでくれ, これはたしか私の友人の魂だ. 泣き声を聞いてわかったのだ」といったという.

　紀元2世紀頃の帝政ローマ時代の作家ルキアノスによる短編『夢, 一名雄鶏』には, 雄鶏に生まれ変わったピタゴラスが靴直し屋の側へいって「わしはかつて豆を食うことを禁じたものだが, いまは豆を食わねば生きていかれぬ身となってしまった. 悲しいことよ」とつぶやいて嘆く場面が描かれている. 面白いことにピタゴラス教団の多くの戒律の中に「雄鶏を飼え, しかし犠牲にはするな. 雄鶏は月と太陽のものだからである」というのがあるという.

　仏教にも輪廻転生の思想があり, 衆生が三界六道という迷いの世界を生き代わり死に代わりしてとどまることがないという説である. 三界は欲界, 色界, 無色界で, 六道は地獄, 餓鬼, 畜生, 修羅, 人間, 天のことである.

ルキアノスには『哲学諸派の売り立て』という短編がある．オリンポスの神がヘルメス神を従者とし，口上使いとしてゼウス神を伴って市場に現れ，ピタゴラス，プラトンなどの有名な哲学者を売り立てるという話である．最初に売りに出されたピタゴラスについて，買い手から彼は何を知っているのかと質問されて，ヘルメスは「算術，天文学，幾何学，音楽，魔術で，彼は最高の予言者だ」と答えている．また買い手が直接ピタゴラスに対して「もし私がお前を買ったら何を教えてくれるか」と尋ねたとき，ピタゴラスは「魂を清め，魂についている汚れを落としてやる」と答えている．

ピタゴラスの宗教団体では，魂を輪廻転生の鎖から解放し，魂の故郷である天上へ帰すことを目的とした活動が中心であった．そのために魂の浄化を第一の目的としていたのである．

2-2 魂を浄化するには音楽が有効である

こういうわけで，ピタゴラスの教団では魂を浄化するにはどうしたらよいかが研究された．「豆を食わない」とか「心臓のあるものは食べない（つまり殺生はしない）」といった多くの戒律もすべて魂の浄化と関係していると思われる．ピタゴラスが有名な定理を発見したとき，牛を生贄にして神に感謝したという言い伝えは，この戒律と矛盾する．後のある信者は，これは生きた牛ではなく，土とか木でつくったものだといった．

さて，ピタゴラスは魂に安らぎを与え，浄化するには良い音楽を聞くことが効果的であると考えて，まず音楽へ注目し，音階の研究をした．最近でも音楽療法などというのが研究されているが，ピタゴラスはその先駆者かもしれない．3世紀頃のイアンブリコスはピタゴラスが音楽を使用して，肉体と魂の両方の病気を治療し，怒りやその他の精神の変調を和らげたと書いている．ピタゴラス学派では，ハーモニーは神の声と信じられていた．

ピタゴラスのこうした活動を小説にしたのが酒見賢一の『ピタゴラスの

旅』（講談社，1991年）である．よいハーモニーを求めて弟子を連れて旅に出たピタゴラスが，宿の病人を彼自身が琴を弾き歌って魂を癒し，安らげるという話が書かれている．しかし，彼の弟子は「輪廻を断ち切るということは，二度とこの世界へ帰れないということではないか．自分はこの世界が好きだ．天国で永遠に生きるより死後もこの世界へ戻りたい」と思って，師の考えに疑問を抱いている．これにピタゴラスは何も答えていない．短編だが面白い小説である．

さて，ピタゴラスは音楽の研究を始めて，ハーモニー（調和音）は4度と5度を含んでいることを発見した．一絃琴を使って，弦の長さを $\frac{1}{2}$ にすると1オクターブ高い音ドになり，$\frac{3}{4}$ にすると4度高い音ファになり，$\frac{2}{3}$ にすると5度高い音ソになったのである．これらの音，特にドソドはよく調和するのである．

ところで，ドソドの弦の長さの割合は $1, \frac{2}{3}, \frac{1}{2}$ であるが，この逆数（振動数）は $1, \frac{3}{2}, 2$ という公差 $\frac{1}{2}$ の等差数列である．このように逆数が等差数列になる数列を調和数列という．$1, \frac{1}{2}, \frac{1}{3}, \frac{1}{4}, \cdots$ は調和数列である．調和数列の調和（harmony，ギリシア語「よく適合する」が語源）という用語は調和音に由来するのかもしれない．次に，「弦の長さは振動数に反比例する」という考え方を使ってピタゴラスの音階をつくってみよう．

振動数1の音をドとすると，振動数2の音は1オクターブ高いド音になる．振動数2のド音の振動数を $\frac{2}{3}$ 倍すると，つまり振動数を $2 \times \frac{2}{3} = \frac{4}{3}$ にすると5度低い音ファが得られる．ソの振動数 $\frac{3}{2}$ を $\frac{3}{2}$ 倍すると，つまり振動数を $\frac{3}{2} \times \frac{3}{2} = \frac{9}{4}$ にすると，ソより5度高い，すなわち1オクターブ高いレ音になる．次に，このレ音の振動数 $\frac{9}{4}$ を $\frac{1}{2}$ 倍すると，

1オクターブ低いレ音になり，その振動数は $\frac{9}{4} \times \frac{1}{2} = \frac{9}{8}$ である．レ音の振動数を $\frac{3}{2}$ 倍にすると，$\frac{9}{8} \times \frac{3}{2} = \frac{27}{16}$ はレ音より5度高いラ音の振動数になる．ラ音の振動数を $\frac{3}{2}$ 倍すると，$\frac{27}{16} \times \frac{3}{2} = \frac{81}{32}$ はラ音より5度高い，すなわち1オクターブ高いミ音の振動数になる．この振動数を $\frac{1}{2}$ 倍すると，$\frac{81}{32} \times \frac{1}{2} = \frac{81}{64}$ は1オクターブ低いミ音の振動数になる．このミ音の振動数を $\frac{3}{2}$ 倍すると，$\frac{81}{64} \times \frac{3}{2} = \frac{243}{128}$ はミ音より5度高いシ音の振動数になる．

こうしてつくったのが下の図で示したピタゴラスの音階である．これを純正調の音階と比較すると，ミ，ラ，シの3音が一致しない．しかし，その違いは極めて小さい．例えばミ音の純正調の振動数は $\frac{5}{4} = \frac{80}{64}$ であるから，ピタゴラスの音階の振動数とわずか $\frac{1}{64}$ しか違わないのである．

さて，いまやったように弦の長さの比が $1 : \frac{3}{4} : \frac{2}{3} : \frac{1}{2} = 12 : 9 : 8 : 6$ の場合に調和音が生まれる．この数の比，$6:12 = 1:2$, $8:12 = 2:3$, $9:12 = 3:4$ には $1, 2, 3, 4$ の4つの数が含まれている．彼はこの4つの数の組（テトラド，tetrad；tetra はギリシア語の数詞4）を重視した．

ピタゴラスの音階と純正調の音階の関係

ピタゴラスの音階	ド	レ	ミ	ファ	ソ	ラ	シ	ド	レ	ミ
	1	9/8	81/64	4/3	3/2	27/16	243/128	2	9/4	81/32

純正調の音階										
	1	9/8	5/4	4/3	3/2	5/3	15/8	2		
	ド	レ	ミ	ファ	ソ	ラ	シ	ド		

2. ピタゴラスはなぜ数を重視したのか

　ピタゴラスは鍛冶屋の前を通りかかったとき，槌の音からハーモニーを発見したといわれている．1492 年にミラノで出版された『音楽理論』*) には，その様子を絵にしたものが載っている（下の図）．左側の図は鍛冶屋の仕事場を，向こう側で見ているのはピタゴラスではなく，旧約聖書創世記 (4-21) に，「竪琴や笛を奏でる者すべての先祖」と書かれているユバルだという．鍛冶屋が使っているハンマーの重さが 4, 6, 8, 9, 12, 16 になっていて，協和音の比率 6, 8, 9, 12 が含まれている．

　また，右側の図はピタゴラスが音階の実験をしているところで，鐘の大きさ，コップの水量によって音階の違いを調べている図である．どちらも 4, 6, 8, 9, 12, 16 という比率が書かれている．

　次頁の左側の図は 4, 6, 8, 9, 12, 16 の異なる錘(おもり)を下げて弦の張りの強さを変えて音階を研究しているところで，右側の図は管の長さを変えて音階を研究しているところである．錘の重さも 4, 6, 8, 9, 12, 16 で管の長さも同じ比率になっている．

---

　*) S. K. ヘニンガー Jr., 山田耕二 他訳:『天球の音楽』(平凡社，1990 年)

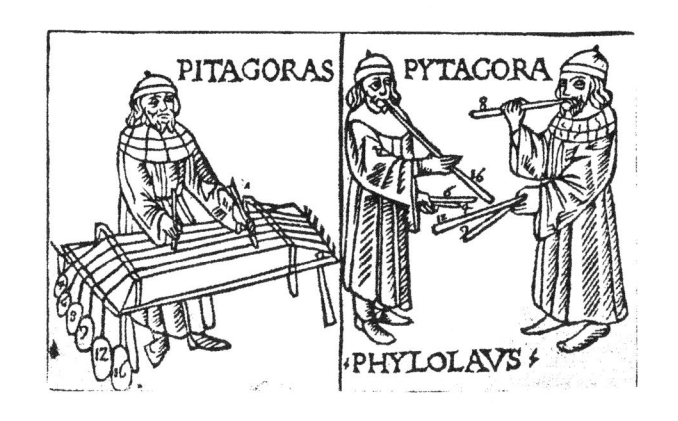

ピタゴラスは音楽を耳ではなく比例の調和によって判断したともいわれている.「耳に聞こえる旋律は快いが,聞こえぬ旋律はもっと快い.感覚する耳にではなく,もっと心に響くように,音のない曲を,魂の耳に吹いてくれ」というようなものだったともいわれている.

　音楽は西欧社会では大切な教養と考えられるようになった.大学で学ばれた7つの教養学科(セブン・リベラル・アーツ,seven liberal arts)として,算術,幾何学,天文学,文法,修辞学,弁証法(論理学)とともに音楽があげられている.もちろん,この音楽は現在の歌や演奏ではなく,「数比例論」のようなものである.ギリシア神話では,人間の知的活動をつかさどる女神,学芸の神をミューズ(Muse)と呼んでいる.ギリシア語ではムーサである.それが現在では詩や音楽の神になったのである.音楽(music)という言葉はこれからつくられたものである.

2-3　音階の研究から数の研究へ進む

　『哲学諸派の売り立て』で,ピタゴラスが買い手に「音楽,幾何学,数について教える」というと,買い手は「数えることなら知っているよ」と答える.ピタゴラスが「それでは数えてごらん」というと,買い手は「1, 2, 3, 4,

…」と唱える．するとピタゴラスは「お前がいま4と考えているものは本当は10なのだ」という．$1+2+3+4=10$ をピタゴラスは完全数（デカド，dekad；deka はギリシア語数詞の10）と呼んでいる．ピタゴラスは「4というのは実は10だ．それは正三角形でわれわれの合言葉だ」と教えたという．

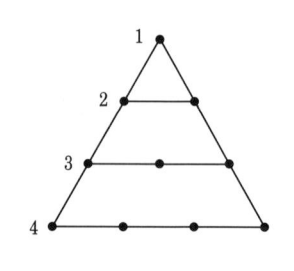

　4とか4つの組はいろいろのものに見出すことができる．例えば，ギリシア時代には，物をつくっている元素は「土，空気，水，火の4元素」であると考えられていた．プラトンは「水が固まるときには土や石になり，解離分散されるときには風や空気になり，空気は燃えて火になる．そして逆の過程によって，火は消火凝縮されると，再び空気の形相にもどり，空気は再び凝縮凝集して靄や雲となり，さらにもっと凝固されると流水となり，水からもう一度，土や石になって，循環する」と考えたという．ものの形では，4頂点で最も単純な立体，四面体がつくられる．

　アリストテレスは物質の4元素に，物質の基本的性質として「湿，乾，冷，熱」の4つを組み合わせて，いろいろなことを考えている．例えば，火は熱と乾の2性質をもち，熱の方が優勢である．そこで火は熱の媒介により空気に転換する．同様に，空気は湿の媒介により水になる．また火と水から乾と冷を取り去れば土に変化するのだという．こうしてアリストテレスはある物質の含む元素の割合を，他の物質の元素の割合と一致させることによって物質の変換が可能だと考えたのである．例えば，鉛の元素の割合を金の元素の割合に変えることによって，鉛を金に変換できるという錬金術の考えが生まれた．

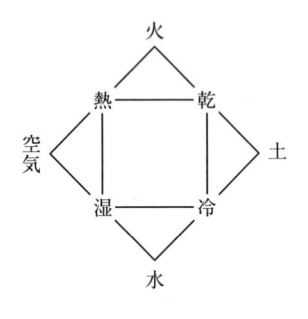

　ピタゴラス学派では，4を4つの数の組10と考えて，10を神の考える完

全数と考える．天体の数は神が創造したものであるから完全数でなければならない．だから天体の数は10個でなければならない．ところが当時知られていた惑星は5個しかない．これに恒星球，太陽，地球，月を加えても9個にしかならない．そこでピタゴラス学派では対地球という架空の新たな天体を創造して10個にし，これらが中心火のまわりを回転していると考えて，それを完全な宇宙体系とみなした．

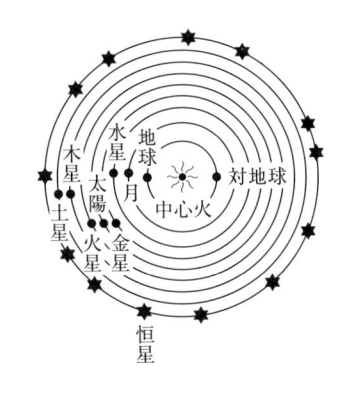

こういうことを考えているうちに，ピタゴラスは，数は創造神の心の中にある規範と考えるようになっていく．数は万物に先行して神の心の中に存在したものであり，万物はそれからでてきて，秩序あるものへまとめあげられたのではないかと考えるようになっていくのである．ここから「万物は数なり」という思想が誕生したのであろう．

ピタゴラス学派が数の研究に関心をもったのはもう一つ理由があった．それはプラトンが『国家』（藤沢令夫 訳，岩波文庫）の中で述べていることである．

「数についての学問は魂を強く上方へ導く力をもち，純粋の数そのものについて問答するように強制するものであって，目に見えたり手で触れたりできる物体の形をとる数を魂に差し出して問答しようとしても，決して魂はそれを受け付けない．数は思惟によってのみ考えることができるものなのである」

魂を浄化するにはそれを現実の汚れたものから遠ざけなければならない．物質的なものと無関係な抽象的な数の研究は魂の浄化に役立つものと思われたのである．

ピタゴラスは「神が数であり，理性であり，そしてまた調和である」と述べている．ドイツの数学者のヤコビ（1804～1851）は「神は常に算術す

る」といい，同じドイツの数学者クロネッカー（1823～1891）は「整数は神のつくったもので，他の数は人間のつくったものだ」という有名な言葉を残している．

ピタゴラスの数の研究は現実離れしたものだった．1はそれ自身つねに不動であるから知性を表す．2は動揺するから臆見（おっけん）を表すと考えたりする．奇数は割り切れない，ということは，それ自身完全であって，有機的組織体となる可能性をもっている．偶数は分割できるから不完全であり，物質的で無限定である．だから，奇数からは完全や神性や男性が連想され，偶数からは不完全や物質性や女性が連想されるという．偶数は2で割り切れ，女性は子どもを生んで身二つになることから，中国では偶数が女性を表すという考えもある．ピタゴラスは，最初の男性数は3，最初の女性数は2であるから，2＋3＝5は結婚の象徴であるともいったという．1はすべての数の元素であって，最初の奇数は3なのである．

2-4 数と図形とを関係づける

ギリシア時代にはアバカス（abacus）という計算板の上にカルキュリ（caluculi）と呼ばれる小石を並べて計算した．右の図は1503年にドイツの都市フライブルクで出版された『哲学の真珠』に載っているもので，ピタゴラスがアバカスで計算しているところである．caluculi から，計算する（caluculate）とか，微分積分学（caluculus）という言葉がつくられた．

2-4 数と図形とを関係づける

ピタゴラスは，数と図形との関係を次のように考えていた．

数 1 は小石一つに対応する．小石を点で表す．点は位置をもつ 1 である．心の中で概念として生まれた数には質量もなければ場所と位置も存在しない．しかし，数 1 を点で表したとき，数は空間の中に置かれ，位置が固定されて次元を得る．物質性を得ることになる．この点が集まると線ができる．さらに線が集まって面になり，面から立体が生ずる．数から点，線，平面，立体という物質的次元の可能性がすべて生じる．点には 1，線には 2 (直線は 2 点で決定される)，面には 3 (3 点で平面が決定される)，立体には 4 (4 点で四面体ができる) が対応するというものである．

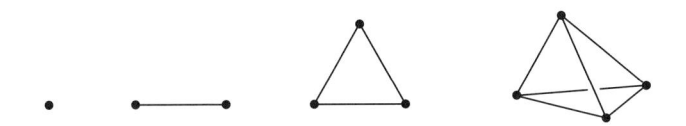

一方，3 点で三角形ができる．$3 = 1 + 2$ である．辺の長さが 2 倍の三角形をつくるには点の数は 6 個必要になる．$6 = 1 + 2 + 3$ である．3 倍の三角形をつくるには 10 個，4 倍の三角形をつくるには 15 個の点が必要になる．$10 = 1 + 2 + 3 + 4$，$15 = 1 + 2 + 3 + 4 + 5$ である．

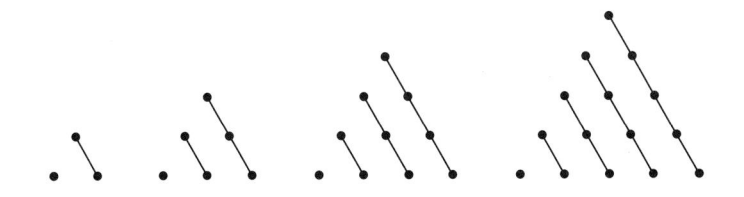

このように，三角形を形成する数 $1, 3, 6, 10, 15, \cdots$ を三角数という．三角数は次のような式で示される数である：

$$1 + 2 + 3 + 4 + 5 + \cdots\cdots + m = \frac{m(m+1)}{2}$$

次に点で正方形をつくってみる．最小 4 点で正方形ができる．図から 4

$= 1+3$ と考えられる．次に2倍の正方形をつくると点の数は9個必要になる．$9 = 1+3+5$ である．3倍の正方形をつくるには16個の点が必要である．$16 = 1+3+5+7$ である．4倍の正方形をつくるには25個の点が必要である．$25 = 1+3+5+7+9$ である．つまり正方形をつくる点の数(正方形数)は奇数の和になっており，次の式で示される数である：

$$1+3+5+7+\cdots\cdots+(2m-1) = m^2$$

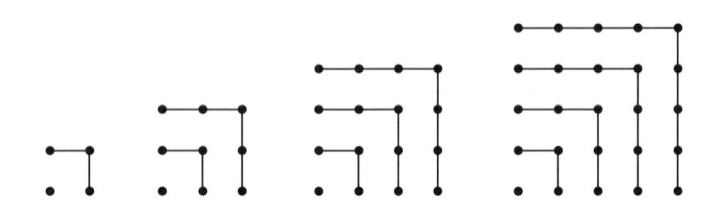

次に同じ四角形でも点を長方形に並べてみる．下の図のように，最初は2点から始めて次々と大きくしてゆく．2番目の長方形の点の数は $6 = 2+4$，3番目の長方形の点の数は $12 = 2+4+6$，4番目の点の数は $20 = 2+4+6+8$ である．この数(長方形数)を一般式で書くと次のようになる：

$$2+4+6+8+\cdots\cdots+2m = m(m+1)$$

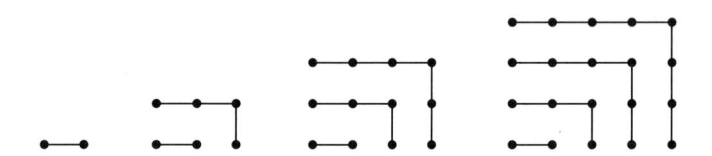

次に5角形をつくってみる．最小5点が必要である．これを図のように1点から始めて $5 = 1+4$ と考える．2倍の5角形をつくるにはさらに7個の点が必要である．$12 = 1+4+7$ である．3倍の5角形をつくるにはさらに10個の点が必要である．$22 = 1+4+7+10$ である．4倍の5角形をつくるにはさらに13個の点が必要になる．これらの数を次のように分析してみる：

2-4 数と図形とを関係づける

$$1 + 4 + 7 + 10 + 13 + \cdots\cdots$$
$$= 1 + (1 + 3 \times 1) + (1 + 3 \times 2) + (1 + 3 \times 3) + (1 + 3 \times 4) + \cdots\cdots$$

第 m 番目の項は $\{1 + 3(m-1)\} = 3m - 2$ となる．したがって，5角数の一般式は次のようになる：

$$\sum (3m - 2) = \sum 3m - 2m = \frac{3m(m+1)}{2} - 2m = \frac{m(3m-1)}{2}$$

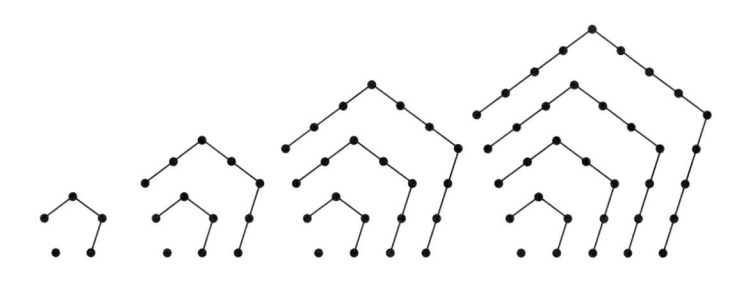

次は6角数である．図からもわかるように次のような数である：

$$1, \quad 1 + 5 = 6, \quad 1 + 5 + 9 = 15, \quad 1 + 5 + 9 + 13 = 28,$$
$$1 + 5 + 9 + 13 + 17 = 45, \quad \cdots\cdots .$$

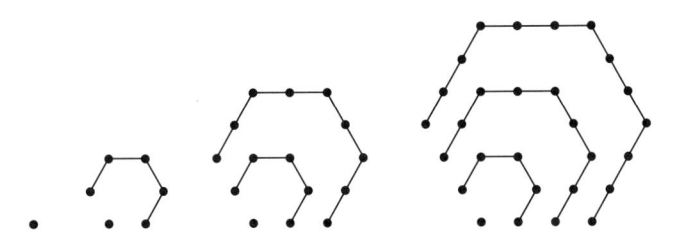

これを次のように分析する：

$$1 + (1 + 4 \times 1) + (1 + 4 \times 2) + (1 + 4 \times 3) + (1 + 4 \times 4)$$
$$+ \cdots + \{1 + 4(m-1)\} + \cdots\cdots$$

$\{1 + 4(m-1)\} = 4m - 3$ は第 m 番目の項である．したがって，6角数の一般式は次のようになる：

$$\sum (4m - 3) = \sum 4m - 3m = 2m(m+1) - 3m = m(2m-1)$$

さて，上のような計算から一般的に n 角数を表す式を推理してみよう．

第 1 項　1

第 2 項　$1+\{1+(n-2)\}=n$

第 3 項　$1+\{1+(n-2)\}+\{1+2(n-2)\}=3n-3$

第 4 項　$1+\{1+(n-2)\}+\{1+2(n-2)\}+\{1+3(n-2)\}$
$\qquad =6n-8$

第 m 項　$1+\{1+(n-2)\}+\{1+2(n-2)\}+\cdots\cdots$
$\qquad +\{1+(m-2)(n-2)\}+\{1+(m-1)(n-2)\}$
$\qquad =(1+1+\cdots\cdots+1)+(n-2)\{1+2+3+\cdots\cdots+(m-1)\}$
$\qquad =m+\dfrac{(n-2)(m-1)m}{2}$

この式で $n=3,4,5,6$ として確かめてみよう．

$n=3$ とすれば　$m+\dfrac{(3-2)(m-1)m}{2}=\dfrac{m(m+1)}{2}$

$n=4$ とすれば　$m+\dfrac{(4-2)(m-1)m}{2}=m^2$

$n=5$ とすれば　$m+\dfrac{(5-2)(m-1)m}{2}=\dfrac{m(3m-1)}{2}$

$n=6$ とすれば　$m+\dfrac{(6-2)(m-1)m}{2}=m(2m-1)$

この結果を使って，3角数から7角数について10項までを計算してみると次のようになる：

	1	2	3	4	5	6	7	8	9	10
3角数	1	3	6	10	15	21	28	36	45	55
4角数	1	4	9	16	25	36	49	64	81	100
5角数	1	5	12	22	35	51	70	92	117	145
6角数	1	6	15	28	45	66	91	120	153	190
7角数	1	7	18	34	55	81	112	148	189	235

2-4　数と図形とを関係づける

　ピタゴラス学派の研究は平面図形だけでなく立体図形にも進んだ．正3角形を4枚組み合わせると正4面体になる．8枚で正8面体，20枚で正20面体，正方形6枚で正6面体(立方体)，正5角形12枚で正12面体がつくれる．こうしてピタゴラス学派は正多面体を発見したといわれている．

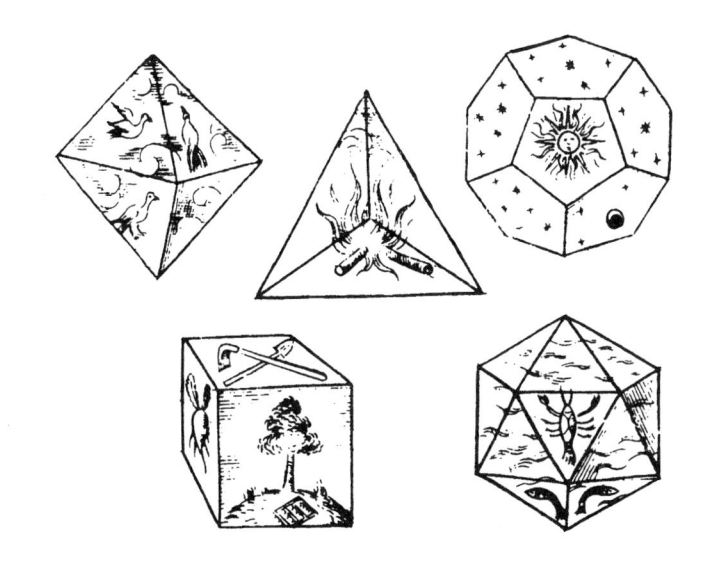

　ピタゴラス学派の人達は正多面体を世界を構成する物質の形と考え，当時知られていた魂をもたない物質的元素であった4元素を正多面体と対応させていた．正4面体はピラミッド(pyramid)の形で，この語はエジプト語のピュラミス(pyramis, 炉の意味があるという)からでたので火の形を表す．正6面体は安定して，堅固で確実なものに対応するから地の形，土に対応する．正8面体は不安定でいろいろな方向へ拡散する形だから空気に対応する．正20面体は絶えず流れ動き，あらゆる側でさまざまな角度をつくる形だから水に対応する．正12面体は角度が他の多面体より大きく球の形と性質に近いから天つまり宇宙を表すものと考えたのである．

　とにかく，こうした研究によって「万物は数である」という信念がますます強くなっていったに違いない．そして図形の学問，幾何学は重視されてい

った．後にプラトンがアカデミーの入り口に「幾何学を知らざる者は入るべからず」と掲げ，また「神は常に幾何学する」といった言葉はケプラーの『世界の和声』(1619年)にまでみられる．前頁に掲げた図はケプラーの本にあるもので，正12面体に太陽，月，星が描かれている．

2-5 ピタゴラス学派を驚かした5角形の秘密

4を中心と考えてきたピタゴラス学派にとって5角形の正12面体の発見は衝撃だったようである．ピタゴラス学派では，ペンタグラム(星形5角形)の先端に健康というギリシア語の文字を記してシンボル・マークとしたという．後にゲーテは『ファウスト』の中で，この形を魔除けの符号として使っている．

ただ，この5角形の中には彼らが忌み嫌った「通約不可能な線分」(無理量)が秘められていたのである．『原論』10巻の最初に「同じ測度で測られる2つの量は"通約できる"といわれ，共通な尺度をもち得ない2つの量は"通約できない"といわれる」と定義されている．2つの量 a, b があって，$a = mc$, $b = nc$ (m, n は自然数)となる c があるとき，a, b は通約できるというわけである．

ピタゴラス学派の考えていた線は大きさをもった点の集まりであった．したがって，どんな2つの線分を比較しても，長さの比は整数の比になるものと考えていた．例えば，3.6cm と 2cm の線分の比は，0.1cm という単位で測れば，36 : 20 つまり 9 : 5 という整数の比で表される．この 9 : 5 を求めるには，互除法といわれる方法を使う．これはユークリッド『原論』にも載っている．

2-5 ピタゴラス学派を驚かした5角形の秘密

36と20なら，$36 \div 20 = 1$ 余り 16, $20 \div 16 = 1$ 余り 4, $16 \div 4 = 4$ 余り 0，ちょうど割り切れたときの除数4が36と20の最大公約数になる．このように，線分の割り算を続けていけば，ピタゴラス学派の考えている線分なら，必ずいつかは割り切れると信じていたわけである．ところが，正5角形の対角線と一辺の比はどんなに小さくなっても一方が他方の整数倍にはならないのである．

正5角形 ABCDE で，対角線÷1辺 = BE÷CD = BE÷D′E の商は1，余りは BD′ である．CD÷BD′ = BC′÷BD′ だから余りは C′D′，さらに BD′÷C′D′ = B′E′÷C′D′ である．

ところが B′E′÷C′D′ は内側につくられた正5角形の 対角線÷1辺 になっている．するとこの方法をいくら続けていってもつきることはない．つまり正5角形の対角線と1辺の間には共通な尺度は見つからない．

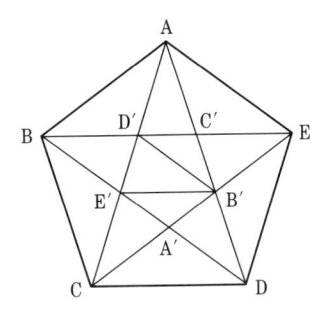

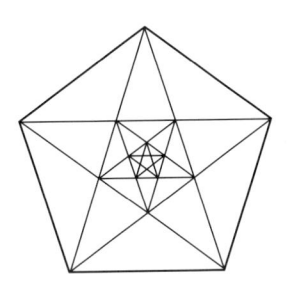

教団のシンボルの中に教団の思想を覆すようなことが秘められていたのだから驚いたはずである．もちろん教団は秘密にしようとしたようで，それを漏らしたヒッパソスという人は船が難破して溺死したとか，あるいは船の上から突き落とされて死んだといった伝説が残されているという．

3. 方程式の歴史から学ぶこと

3-1 方程式の歴史は代数学の歴史である

　方程式は問題解法の技術として誕生したものであるが，その解法研究の過程からさまざまな新しい数学が創造された．古代中国では連立1次方程式になる問題を加減法で解く計算から正の数・負の数の計算法が生まれた．16世紀には3次方程式の解法研究から虚数が創造された．17世紀には日本の関 孝和やドイツのライプニッツが加減法による連立1次方程式の解法研究から行列式を発見した．さらに5次方程式の解法研究からノルウェーのアーベルやフランスのガロアによって群・体のような代数学の新しい概念が創造された．200年ほど前までは代数方程式を解くことが代数学の最大の課題であり，ガウスをはじめ多くの大数学者たちがこの問題に関心をもったのである．方程式の歴史は代数学の歴史といってもよいのである．

　さて，問題を方程式によって解くには，記号を用いて問題を方程式に表し，代数式を操作しなければならない．古代エジプトの『リンド・パピルス』といわれる数学の巻き物には「ある数とその 1/4 を合わせると15になる．ある数はいくらか」という問題がでていて，ある数にはいつも"かたまり"とか"量（かさ）"を意味する"ハウ hau"とか"アハ ahe"という言葉が使われている．そこで，これが方程式の始まりのようにいわれている．しかし，この問題は次のように解かれているのである．

　「ある数を4とすると，その 1/4 は1である．すると，ある数とその 1/4 の和は5である．実際の値は15である．15は5の3倍であるから，ある数は，仮に決めた4の3倍の12である」

未知数を特別な文字で表したからといって，これは方程式の問題解法とはいえない．

方程式に限らず，一般に代数では，使う記号の善悪(よしあし)が解法に大きく影響することは明らかである．いまでは簡単に，"未知数を x とする" というが，そうなるまでには，ずいぶんと長い道程をたどらなければならなかったのであり，また現在では，$x^2+2x+1=0$ と簡単に書いているが，代数学の父といわれるフランスのヴィエトでさえ，こんな便利な記号を使っていない．第一，ヴィエトは x^2+x^3 と書くことにさえ躊躇(ちゅうちょ)したのである．x^2, x^3 という 2 つの式は面積と体積のように次元の異なる量を表していると考えたからである．文字式の質的相違を無視して，すべて同質のものとして認識できるまでには，ずいぶんと長い時間を要したのである．

ところで私はここで未知数とか代数という用語を使ったが，これらは学習指導要領にはでてこない．しかし，これらの用語は小型の国語辞書にさえ載っていて一般に知られているので，あえて使ったのである．

3-2 「方程」とは数を一定のきまりに従って四角に並べることである

普通，未知数を含む等式を方程式という．等式は英語で equality，方程式は equation で，どちらも「等しい」という equate（ラテン語の aequalis が語源）からつくられたものである．equation は方程式の意味に適合した術語である．しかし，方程式という用語にはそういう意味は全くない．この方程という言葉は古代中国の秦漢時代につくられた算書である『九章算術』の巻第八の表題になっている言葉なのである．この章は連立 1 次方程式になる問題の解法を扱ったもので，方程はその解法につけられた名称なのである．この章の第 4 問は次のような問題である：

「いま上禾(か)（穀物のこと，当時の主食である粟(あわ)をさす）5 束から実 1 斗 1 升

を損らすと下禾7束にあたる．また，上禾7束から実2斗5升を損らすと下禾5束にあたる．問う，上下禾1束の実はそれぞれいくらか」

上下禾1束の実をそれぞれ x 升，y 升とすると，この問題は次のような連立方程式になる：

$$\begin{cases} 5x - 7y = 11 & \cdots\cdots (1) \\ 7x - 5y = 25 & \cdots\cdots (2) \end{cases}$$

中国では，これを解くのに算盤(さんばん)の上に右の図のように算木(さんぎ)を並べて計算した．算木には赤と黒の2種類があって，赤が正の数（加える数），黒が負の数（引かれる数）を表した．ここでは算木を並べた図ではなく現在の数字で，また赤黒は色分けできないから現代式に $+, -$ で表示した．算木を並べた後は，現在の加減法とまったく同じ方法で計算して答えを求めるのである．記号などの操作は全くないから，代数とはいえない．

	千	百	十	一	分	厘
					商	
上		+7		+5	実	
下		-5		-7	法	
実		+25		+11	廉	
					隅	
		(2)		(1)		

さて，この解法では問題の数値を算盤上に並べてしまえば，あとは機械的操作で解けるわけだから，数値を正しく並べることが最も重要なことになる．方程とは，上のように問題の数値を算盤上の「四角に割り当てること」を意味する言葉なのである．方は「四角」，程は「物事を進めていくうえの一定の基準，一定のきまり」という意味であるから，方程の字義は「四角に並べる一定のきまり」である．方程の字義については諸説あるが，私はこのように考えている．

解法説明の中で，正算・負算という用語が使われているし，それについての計算規則も説明されている．

「正負術にいう．引き算のときは，同名（同符号の数）は引き，異名（異符号の数）は加える．正を無入（ゼロ）から引いたものは負とし，負を無入か

ら引いたものは正とする．足し算のときは，異名は引き，同名は加える．正と無入とでは正，負と無入とでは負とする」

乗除の規則がないのは，それを使う必要がなかったからである．中国人は正負数を数として使っているわけで，ヨーロッパに比べたらはるかに早い．16世紀のドイツの大数学者スティーフェルでさえ負の数を「無いものより小さい数」とか「0以上の真実の数が0から引かれるときに起こる不条理数」と呼んでいるのである．

正の数・負の数は生活上の必要から考えられたものではなく，算木による計算の必要性から考えだされたものだということは銘記すべきである．正負数の計算規則を生活上の事柄で全部説明しようとしてもうまくいかない．インド人は正の数を財産，負の数を借金という言葉で表しているが，正負数の計算規則である 負数×負数＝正数 を 借金×借金＝財産 などという式で書くのはナンセンスである．

ついでに，2元1次連立方程式というときの「元」は明らかに未知数のことであるが，元がどうして未知数なのかちょっと説明しておく．

中国では，元の時代に算木を並べて数字方程式を解く天元術という数学が発明された．天元術では「…を x とする」というところを，「天元之一を立てて…と為す」といった．天元というのは天地がまだ分かれていないで混沌としている状態における万物生成の根元をなすものをいう．元は「元祖，根元，初め」という意味であるから，天元は宇宙の根元，中心となるものをさしている．囲碁で碁盤の9つある星のうち中央にあるものを天元という．天元術で「天元之一を立てて円径と為す」というのは，求めようとする未知数を万物生成の根元になぞらえてそう呼んだわけである．現在使っている数学用語の起源が，こんなところにあることは余り知られていない．

3-3 西欧の代数の基礎となったアラビアの代数は「言葉の代数」だった

　中世末期のヨーロッパにおける学問復興に貢献したのはイスラム文化である．8世紀から13世紀にかけて，イスラムは，東はインドから西はスペインに及ぶ広大な領土を支配した．歴代のカリフ（教団の最高権威者）たちは学問を保護奨励したので首都バクダッドを中心として学問が盛んになって，アリストテレス，ユークリッド，プトレマイオスなどのギリシア語文献がアラビア語に翻訳された．また，インドの学者たちがバクダッドを訪れて天文学・数学などを伝えたが，これらがアラビアの商人によって西欧へ伝えられたのである．これらイスラムの数学は11～13世紀にラテン語に翻訳されて，ヨーロッパの数学発達の原動力になったのである．

　代数は英語の algebra の訳であることはよく知られている．この語は9世紀のアラビアの数学者アル・フワーリズミーの著書『Hisab al-jabr wa al-muqabra（ジャブルとムカーバラの算法）』の al-jabr からつくられたものである．アル・ジャブルのアルは定冠詞で，英語の the に相当するもの，ジャブルは本来は「骨を接ぐ」という意味であるが，数学では「消したり，書いたりする」という意味に使われる．ジャブルの算法というのは，補足の数を使って項を補うことで，方程式の一方の辺に負項があるとき，両辺にその正項を加えて負項をなくす計算である．$5x - 2 = -2x + 5$ なら2と$2x$を両辺に加えて $5x + 2x = 5 + 2$ とする計算である．結果から見れば現在の移項になる．ムカーバラというのは英語の reduction（縮小）にあたるもので，$5x + 2x = 5 + 2$ の両辺の同類項をまとめて $7x = 7$ とする計算である．方程式を解く場合に移項と同類項の計算が重要だったので，それを本の表題にしたのである．

　英語の algebra はアラビア起源であるが，algebra を代数と訳したのは西洋数学の中国語訳である．イギリスの宣教師，偉烈亜力（Alexander

3-3 西欧の代数の基礎となったアラビアの代数は「言葉の代数」だった　37

Wylie, 1815〜1887）が中国の高官，李善蘭（1809〜1871）と協力してイギリスのド・モルガン（Augustus de Morgan, 1806〜1871）の『Element of Algebra』（1835年）を翻訳して『代数学』13巻を上海で出版したのが最初である．代数という用語は，未知の数を文字 x で表し，それを既知の数のように操作して問題を解く方程式の方法をわかりやすく表現した良い訳語であると思う．

さて，上述のように，代数の語源となったのはアラビアの代数であるが，アラビアの代数には記号など全く使われていないのである．全部普通の言葉で書かれている．アル・フワーリズミーの問題で説明してみよう．
「58ディルハムに等しい．100とマール2個引くシャイ20個」
これは現代の記号で書くと次のような方程式である：
$$100 + 2x^2 - 20x = 58$$
シャイ（al-shai，ある物という意味）が未知数を表す言葉である．この shai の sh がスペインで x として写されて xai となり，頭文字の x が後に未知数の記号として使われるようになったという説がある．ヨーロッパにおいてシャイはラテン語で res（物），イタリア語で cosa，ドイツ語で coss と訳されて「coss の代数」と呼ばれるようになる．ディルハム（dirham）というのは貨幣の単位で，現在使われているディナール（dinar）というものと同じである．

マール（al-mal）は「財産」を意味する言葉で，これが2次の量を表すのに使われた．アラビア人は1次の量をジズル（al-jidr または al-jadhr）で表したが，この言葉は植物の「根」を意味する．アラビア人は平方数を木のように根から生成したものと考えたので，こういう言葉を使ったものと思われる．$3^2 = 9$ であるから，9のジズルは3であるという．このジズルがヨーロッパへ伝わり，同じ「根」を意味する radix（ラテン語）とか root（英語）と訳されたのである．

さて，上の方程式を解くのに，まず最初に両辺に"欠けているもの"（引かれるもの）を補って"欠陥のないもの"にする：

$$100 + 2x^2 = 58 + 20x$$

次にマールの個数を1個にする．つまり x^2 の係数を1にするのである．両辺を2で割って $50 + x^2 = 29 + 10x$ とする．アラビア人は2次方程式において x^2 の係数が1のものだけを扱っていたのである．

次に"向かい合っている同種のもの"を簡約する．つまり両辺から29を引くわけである．最終的には $21 + x^2 = 10x$ となる．

アル・フワーリズミーの『代数』では2次方程式を次の4つのタイプに分類している：

（1） $x^2 + px = q$ 　　　　（2） $x^2 = px + q$
（3） $x^2 + q = px$ 　　　　（4） $x^2 + px + q = 0$

このうち(4)は正の解がないから，これを除外して，他の3つについて図解を示している．アル・フワーリズミーの時代の9世紀では，アラビアには負の数はまだ知られていなかった．p も q も正の数を表している．

さて，それでは上のような2次方程式をアラビア人はどのようにして解いたのだろうか．数式の変形のような計算ではなく，図の助けを借りて幾何学的に解いたのである．図解は方程式の型によって違ってくるから面倒である．(1)の例として $x^2 + 10x = 39$ の図解が2つ示されている．

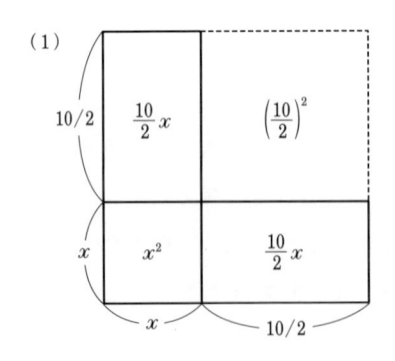

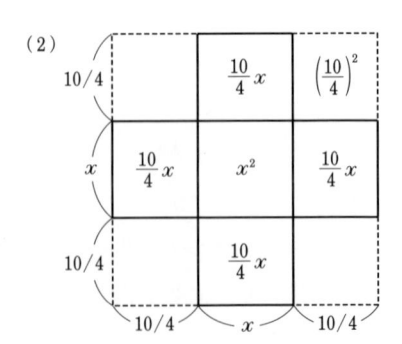

3-3 西欧の代数の基礎となったアラビアの代数は「言葉の代数」だった　39

図(2)の4隅の正方形を合わせると，図(1)の右上の正方形になる．実線の部分の面積は $x^2+10x=39$ で，点線の部分の面積は $5^2=25$ であるから，大きい正方形の面積は $39+25=64$ である．したがって，大きい正方形の1辺は8であるから，これから $x=8-5=3$ が求まる．これらの図解は教科書にもよく利用されている方法であるが，正根(正の解)だけしか求まらないという欠点がある．

(2)のタイプの $x^2=3x+4$ の図解になるとさらに面倒になる．

まず1辺 x の正方形 ABCD を書く．次に DE = CF = 3 となるように E, F をとる．すると ABFE の面積は4である．次に図のように線を引く．灰色の部分の面積は等しいから，

正方形 AGKH の面積 $= 4 + \left(\dfrac{3}{2}\right)^2$

$\qquad\qquad\qquad = \dfrac{25}{4}$

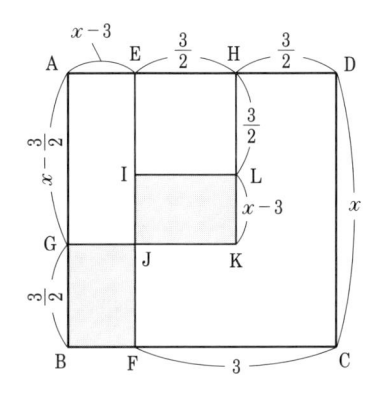

正方形 AGKH の1辺は $x-\dfrac{3}{2}$ であるから次の式が成り立つ：

$$\left(x-\dfrac{3}{2}\right)^2 = \dfrac{25}{4}$$

これより $x-\dfrac{3}{2}=\dfrac{5}{2}$，これから $x=4$ が求まる．もう一つの解は $x=-1$ であるから図解ができない．

(3)の型 $x^2+21=10x$ の図解も書いておこう．

1辺 x の正方形 ABCD を書き，辺 AD を延長して AF = 10 となるように F をとる．次に，GF $=\dfrac{10}{2}$ とすると DG $=\dfrac{10}{2}-x$ となる．長方形

DCEF の面積 = 21 である．GF を 1 辺とする正方形 GIJF をつくる．この正方形を右の図のように区分する．灰色の部分の面積は等しいから，

　　正方形 GIJF の面積

　　= 21 + 正方形 HILK の面積

である．ゆえに

$$\left(\frac{10}{2}\right)^2 = 21 + \left(\frac{10}{2} - x\right)^2,$$

$$\left(\frac{10}{2} - x\right)^2 = \left(\frac{10}{2}\right)^2 - 21 = 2^2,$$

$$\frac{10}{2} - x = 2, \quad x = 3$$

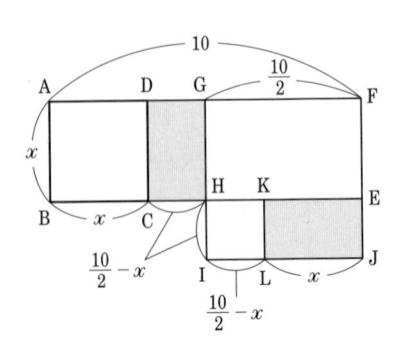

こういう図解がいかに面倒なものかが理解できると思う．

　江戸時代の和算の教科書では最初にソロバンの計算法を学習する．そこで，その後に練習問題がつけられているが，その中に 2 次方程式になる問題が取り上げられている．ソロバン計算で 2 次方程式を解くにはソロバンで計算できるところまで解き方を導かなければならない．当然，図解が使われているのである．例をあげてみよう (用語は現代式に改めた)：

「直角三角形があって，直角をはさむ二辺の和は 7 で，面積は 6 である．この直角三角形の三辺の長さを求めよ」

　右の図で $a = x$ とすると，$b = 7 - x$ であるから次の式が成り立つ：

$$(7 - x)x = 6 \times 2 = 12$$

これを簡単にすると次のような 2 次方程式になる：

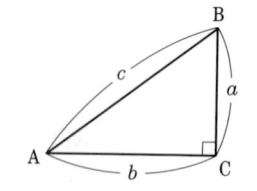

$$x^2 - 7x + 12 = 0$$

これを和算家は次に示すような図解で解き方を考えている．

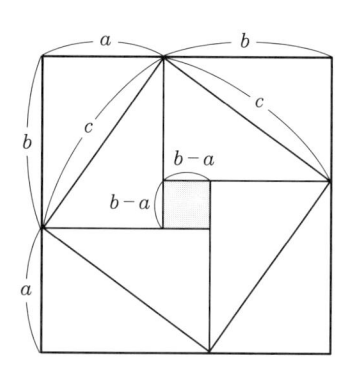

3-3 西欧の代数の基礎となったアラビアの代数は「言葉の代数」だった　41

$a+b$ を一辺とする正方形をつくると，その面積は直角三角形4つと斜辺 c を一辺とする正方形の面積の和に等しいことがわかる：
$$(a+b)^2 = 6 \times 4 + c^2$$
$a+b=7$ であるから，上の式から $c^2 = 25$，ゆえに $c=5$．

斜辺 c を一辺とする正方形の面積は，直角三角形4つと $b-a$ を一辺とする正方形の面積の和に等しいことから $c^2 = 6 \times 4 + (b-a)^2$ となる．$c=5$ だから，上の式から $(b-a)^2 = 1$，ゆえに $b-a=1$．$b+a=7$ であるから，この2つの式から $2b=8$，ゆえに $b=4$，したがって，$a=3$．これで問題は解けてはいるが，2次方程式を解いたとは誰も思わないであろう．もちろん，後になると2次方程式を筆算で解く方法である點竄術(てんざんじゅつ)も説明される．

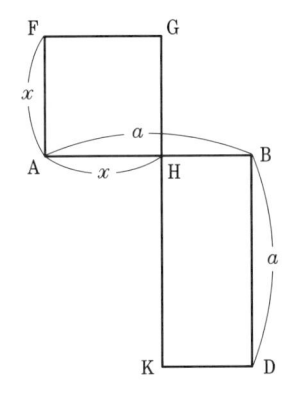

ユークリッド『原論』第2巻 命題11に，2次方程式になる作図問題が解かれている．

「与えられた線分 AB を H で二分して，AB と BH を二辺とする長方形の面積が，AH を一辺とする正方形の面積と等しくなるようにせよ」

これは $AB = a$, $AH = x$ とすると，$x^2 = a(a-x)$ となる x を作図によって求める問題である．上の式は $x^2 + ax = a^2$ となるから，x はこの2次方程式の解である．

この問題は次のように解かれている．

ABを一辺とする正方形ACDBをつくり，ACの中点をEとする．Eを中心，EBを半径とする円とCAの延長との交点をFとする．Aを中心，AFを半径とする円とABとの交点をHとすると，Hが求める点である．

$$\mathrm{EF}^2 = \left(\frac{a}{2} + x\right)^2, \quad \mathrm{EB}^2 = \left(\frac{a}{2}\right)^2 + a^2$$

EF = EB であるから，

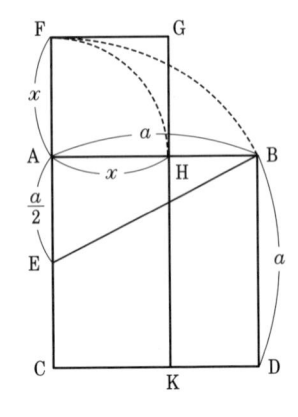

$$\left(\frac{a}{2} + x\right)^2 = \left(\frac{a}{2}\right)^2 + a^2$$

これを簡単にすると $x^2 + ax = a^2$ となるから，Hは求める点である．

こういう，問題の解き方を幾何学的代数と呼ぶ人がいるが，これは代数ではない．あくまでも幾何学の作図問題であって，これによって2次方程式の解法が与えられたとは誰も思わないであろう．

3-4 計算で2次方程式を解いたインド人

前節の解き方に対してインドでは明らかに計算によって2次方程式を解いていた．インドではすでに7世紀初め頃にはブラフマグプタによって正負数の計算規則が述べられている．

〔加法の規則〕 2つの正量の和は正量である．2つの負量の和は負量である．正量と負量の和はその差である．また，その正・負の量が等しければ和は零である．零と負量の和は負量である．正量と零の和は正量である．2つの零の和は零である．

〔減法の規則〕 正から正，負から負では，小さい方が大きい方から引か

れるべきである．しかし，小さい方から大きい方が引かれたときには，差は逆になる．零から引かれると負は正になり，正は負になる．零を引けば負は負で，正は正，零はやはり零である．正が負から引かれるとき，負が正から引かれるときには，それらは加え合わせなければならない．

〔乗法の規則〕 負の量と正の量との積は負である．2つの負量の積は正，2つの正量の積も正である．零と負との積あるいは零と正との積は零である．2つの零の積は零である．

〔除法の規則〕 正が正で割られ，あるいは負が負で割られれば，正である．正が負で割られれば負である．負が正で割られれば負である．

この規則を見る限り中国の負数の取り扱いよりかなり進んでいることが理解できる．ただ，12世紀のバスカラは，$a \times 0$, $a \div 0$ を演算の途中では1つの数として扱って，「0を乗数としてもつ数」，「0を分母としてもつ数」というように扱っている．

バスカラは2次方程式 $x^2 - 45x = 250$ の解として $x = 50$, $x = -5$ の2つを示している．これは次のように筆算で解いているのである．ただ，彼は「負の解は人々が承認しないから不適当である」と書いている．

〈 $ax^2 + bx = c$ の解き方〉

$$x^2 - 45x = 250 \qquad 両辺へ 4a を掛けると$$
$$4x^2 - 180x = 1000 \qquad 4a^2x^2 + 4abx = 4ac$$
$$両辺へ b^2 を加えると$$
$$4x^2 - 180x + 45^2 = 1000 + 45^2 \qquad 4a^2x^2 + 4abx + b^2 = 4ac + b^2$$
$$(2x - 45)^2 = 3025 = 55^2 \qquad (2ax + b)^2 = 4ac + b^2$$
$$2x - 45 = 55 \qquad 2ax + b = \sqrt{4ac + b^2}$$
$$x = 50 \qquad x = (\sqrt{4ac + b^2} - b)/2a$$
$$x = -5 \qquad x = (-\sqrt{4ac + b^2} - b)/2a$$

インド人は方程式を左辺と右辺の上下2段に分けて書いていた：

左辺：　yava　1　ya　4̇5　ru　0

右辺：　yava　0　ya　0　ru　250

ya は yavattavat（"〜だけ"の意味），va は varga（平方）の省略，ru は rupa（既知数）の省略である．とにかく，全部言葉で述べるのではなく，少し言葉の省略記号を使っているからアラビアの代数よりは進歩していることになる．インド数字による筆算をヨーロッパへ伝えたのはアラビア人であるが，インドの代数の価値には気付かなかったのであろうか．

3-5　現在のような代数記号が使われるようになるまで5世紀もかかった

西欧人は記号を使わない代数をアラビア人から学んだ．このためヨーロッパ人の代数も最初は記号などほとんど使っていないのである．インド・アラビア数字による筆算をヨーロッパへ紹介したイタリアのピサのレオナルドは13世紀初めに方程式を次のように書いている：

duo census et decem radices equantur denariis 30

これは現代式に書くと $2x^2 + 10x = 30$ である．

duo, decem はラテン語の数詞で 2, 10 である．census は英語では人口調査であるが，ラテン語では財産の評価とか税を意味する．アラビア人が財産を意味するマールで2次の量を表したのをそのまま解釈したのであろう．radice は根である．ラテン語で radix，英語で root である．denariis は貨幣の単位，これもアラビア人が用いていたのと全く同じである．et は英語の and にあたるラテン語で，et の走り書きから現在の記号 + が作られた．equantur は等しいという言葉で，これは記号 = が普及するまでヨーロッパで多く使われている．このようにヨーロッパ最初の代数は，アラビア語で書かれたものをラテン語に書き直しただけのようなものだった．

3-5 現在のような代数記号が使われるようになるまで5世紀もかかった　45

　三角法で有名なドイツのレギオモンタヌスは15世紀の終り頃，次のように書いている：

$$16 \quad \text{census} \quad \text{et} \quad 2000 \quad \text{aeq.} \quad 680 \quad \text{rebus}$$

現代式に書けば $16x^2 + 2000 = 680x$ である．

　"等しい"が aeq. と省略形で表されている．rebus は前述のように "物" である．

　3次方程式の解法で有名なイタリアのカルダーノは次のように書いている：

$$\text{cubo} \quad \text{et} \quad \text{rebus} \quad \text{aequalibus} \quad \text{numero}$$

現代式に書けば $x^3 + ax = b$ である．

　カルダーノの3次方程式の解法の説明も図を利用して，具体的な数値を使って普通の言葉でなされている．

　小数の発明(1585年)で有名なオランダのステビンは方程式を次のように書いている：

$$3② + 4 \quad \text{egales} \quad 2① + 4$$

現代式に書けば $3x^2 + 4 = 2x + 4$ である．

　既知数の代わりに初めて文字を使ったフランスのヴィエトの書き方を見てみよう．母音大文字が未知数，子音大文字が既知数である：

$$A \text{ quad.} + B \text{ 2 in } A, \text{ aequatur } Z \text{ plano}$$

現代式に書くと $x^2 + 2bx = c^2$ である．

　A は未知数で B, Z は既知数を表している．quad. は quadratum (平方) の略で，A quad. は A^2 のことである．in は乗法の記号，×の記号を導入したイギリスのオートレッドも in を用いている．「3 in 5」は「5ずつ3回(数える)」という意味であろう．plano は平面，B 2 in A も A と B の積であるから2次の量である．したがって，左辺は2次の量を表している．そこでそれと等しい右辺も2次の量でなければならないから，既知数 Z に plano という言葉を添えて，Z は2次の量であることを示したわ

けである．代数学の父といわれたヴィエトもギリシア以来の次元の束縛から抜け出すことができなかったわけである．

ところでヴィエトは上の2次方程式を次のように解いている：

　　$A + B$ を E とおくと E quad. aequabitur Z plano $+ B$ quad.
($A + B = E$ とおくと $E^2 = Z^2 + B^2$ となる)

　　これから　$\sqrt{Z \text{ plani} + B \text{ quad.}} - B$ fit A
($A = E - B$, $\sqrt{Z^2 + B^2} - B = A$ となる)

現代の表記では次のようになる：

$x^2 + 2bx = c^2$ で $x + b = e$ とおくと

$e^2 = x^2 + 2bx + b^2 = c^2 + b^2$, 　　$e = \sqrt{c^2 + b^2}$,

$x = e - b = \sqrt{c^2 + b^2} - b$

ヴィエトの方法は一般の2次方程式を純2次方程式に帰着させる方法であるが，ここに見られるように，記号計算の原理を確立したことが特色である．しかし，その記号というのも，現在の記号に比べたら極めて拙劣なものである．第一，等号 = がないし，A^2 といった指数記号も考えられていない．それでも彼以前の代数，たとえばカルダーノなどでは既知数の記号化がされていないので，一般的な関係は全て普通の言葉で表し，幾何学的に証明しなければならなかったわけであるから，ヴィエトの業績は大きい．彼の方程式に関する論文は 1591 年に書かれたもので，ざっと 410 年以上も前のことである．この頃の日本には数学らしいものは全く存在しなかったのである．和算書『塵劫記』が出版されたのが 1627 年で，有名な数学者 関孝和が生まれたのは 1640 年頃である．

さて，ヴィエトは文字を普通の数と同じように扱ったが，依然として古い考えに束縛されていた．次元の束縛から抜け出したのはヴィエトと同じフランスのデカルトであった．

1637 年の『幾何学』でデカルトは次のように書いている：

「自分は長い間 radix（根），quadratum（平方），cubus（立方），bi-quadratum（二重平方）といった言葉に欺かれてきた．これは正方形，立方体といった図形が私の想像に明晰に示されたからであった．ところが，私の研究から，このような名称を使わなくても，もっと明瞭に説明できることがわかった」

デカルトは，$a, a^2, a^3, \cdots$ を 単位$(1) : a = a : a^2 = a^2 : a^3 = \cdots$ のような比例式を考えることで，すべて同種の量と考えられることに着想した．

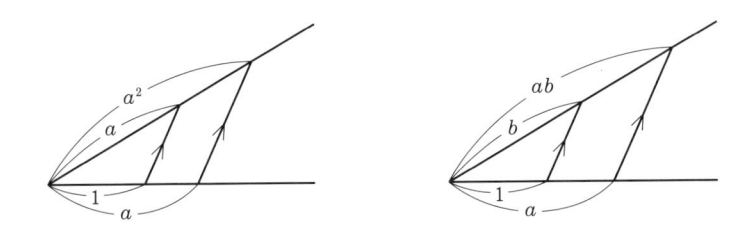

ab は $1 : a = b : ab$ で，abc は $1 : c = ab : abc$ で定められる量と考えればよい．もし a が線分なら a^2 も a^3 も ab も abc も全て線分になることを幾何学的に示している．

こうしてデカルトによってようやく現代の代数学が誕生するのである．未知数に x, y, z を，既知数に a, b, c を用いたのも彼である．

現代の代数記号にたどりつくまでにはデカルト以外にも多くの人達の努力があったわけであるが，学校の方程式の授業ではただ方程式を機械的に解くことだけしか教えてくれない．数学の歴史は数学の物語ではない．そこには先人たちの素晴らしい改革のアイデアがたくさん含まれているのである．

3-6　3次方程式から生まれた虚数

初等数学では2次方程式まで扱うのが普通だが，3次方程式まで進めてみよう．というのは，現在解析学で扱われる虚数が実は3次方程式の解法過程

から発見されたからである．高校の教科書では虚数を2次方程式の解から導入しているが，16～17世紀には虚数解がでるような2次方程式は扱われなかったし，また扱う必要はなかったのである．

さて，3次方程式 $ax^3+bx^2+cx+d=0$ は両辺を a で割れば $x^3+px^2+qx+r=0$ という形に変形されるから，この形の解き方を研究すればよい．この方程式で $x=y-\dfrac{p}{3}$ とおくと $y^3+\left(q-\dfrac{p^2}{3}\right)y+\dfrac{2}{27}p^3-\dfrac{1}{3}pq+r=0$ となって，y^2 の項がなくなる．こういう計算はヴィエトが既に行っている．そこで3次方程式は $x^3+mx+n=0$ の形のものが解ければよいことがわかる．

ところで，アラビアの代数の項でも説明したように，負数を十分に使いこなせなかったため，3次方程式も $x^3+px=q$ …(1)，$x^3=px+q$ …(2)，$x^3+q=px$（いずれも $p,q>0$）…(3) など，いろいろの場合に分けて，それぞれの解き方を研究したのである．(2)で x の代わりに $-x$ を代入すれば(3)の形になるから，(2)が解ければ(3)はやらなくてもよいわけである．

さて，イタリアのタルタリア(1506～1576)は(1)の研究から始めた．(1)で $x=u+v$ とおいてみると，$u^3+v^3+(3uv+p)(u+v)=q$ となる．そこで，$u^3+v^3=q$ …① とすれば，$3uv+p=0$ すなわち，$3uv=-p$ となるから $u^3v^3=-\dfrac{p^3}{27}$ …② である．

そこで，①，②を u^3,v^3 についての連立方程式と考えると，それは $t^2-qt-\dfrac{p^3}{27}=0$ という2次方程式の2つの解になる：

$$u=\sqrt[3]{\dfrac{q}{2}+\sqrt{\dfrac{q^2}{4}+\dfrac{p^3}{27}}}$$
$$=\sqrt[3]{\dfrac{q}{2}+\sqrt{\left(\dfrac{q}{2}\right)^2+\left(\dfrac{p}{3}\right)^3}},$$

3-6 3次方程式から生まれた虚数

$$v = \sqrt[3]{\frac{q}{2} - \sqrt{\left(\frac{q}{2}\right)^2 + \left(\frac{p}{3}\right)^3}}$$

したがって，

$$x = u + v = \sqrt[3]{\frac{q}{2} + \sqrt{\left(\frac{q}{2}\right)^2 + \left(\frac{p}{3}\right)^3}} + \sqrt[3]{\frac{q}{2} - \sqrt{\left(\frac{q}{2}\right)^2 + \left(\frac{p}{3}\right)^3}}$$

同様にして $x^3 = px + q$ の解も次のように求まる：

$$x = \sqrt[3]{\frac{q}{2} + \sqrt{\left(\frac{q}{2}\right)^2 - \left(\frac{p}{3}\right)^3}} + \sqrt[3]{\frac{q}{2} - \sqrt{\left(\frac{q}{2}\right)^2 - \left(\frac{p}{3}\right)^3}}$$

これはカルダノの公式といわれているものだが，実際は彼の弟子のフェルロ（1465〜1526）が発見したものだといわれている．

フェルロは，$x = \sqrt[3]{a + \sqrt{b}} + \sqrt[3]{a - \sqrt{b}}$ を3乗すると $x^3 = 3\sqrt[3]{a^2 - b}\,x + 2a$ となることから，ここで $p = 3\sqrt[3]{a^2 - b}$，$q = 2a$ とおくと $x^3 = px + q$ となるが，両式から a, b を求めると $a = \frac{q}{2}$，$b = \frac{q^2}{4} - \frac{p^3}{27}$ となり，これを x の式に代入して発見したといわれている．

さて，イタリアのボンベリ（1530〜1572）はカルダノの公式を使って $x^3 = 15x + 4$ の解を計算してみた．この方程式は $(x - 4)(x^2 + 4x + 1) = 0$ と因数分解できるから，1つの解は明らかに4である．$p = 15$，$q = 4$ であるから，これをカルダノの公式に代入すると次のようになる：

$$x = \sqrt[3]{2 + \sqrt{4 - 5^3}} + \sqrt[3]{2 - \sqrt{4 - 5^3}}$$
$$= \sqrt[3]{2 + \sqrt{-121}} + \sqrt[3]{2 - \sqrt{-121}}$$
$$= \sqrt[3]{2 + 11\sqrt{-1}} + \sqrt[3]{2 - 11\sqrt{-1}}$$

このように根号の中がマイナスになる不思議な式になってしまうのである．彼は普通の平方根と同じように $(\sqrt{-1})^2 = -1$ と考えて，$\sqrt[3]{2 + 11\sqrt{-1}}$ がどんな数か計算してみた．$\sqrt[3]{2 + 11\sqrt{-1}} = a + b\sqrt{-1}$ として両辺を3乗すると

$$2 + 11\sqrt{-1} = a^3 + 3a^2 b\sqrt{-1} - 3ab^2 - b^3\sqrt{-1}$$

となる．$\sqrt{-1}$ を含む項とそれ以外の項を別に考えて次のような方程式をつくる：
$$a^3 - 3ab^2 = 2, \qquad 3a^2 b - b^3 = 11$$
この式を満足する値として，$a = 2$, $b = 1$ が求まる．つまり，$\sqrt[3]{2 + 11\sqrt{-1}} = 2 + \sqrt{-1}$ なのである．同様にして，
$$\sqrt[3]{2 - 11\sqrt{-1}} = 2 - \sqrt{-1}$$
となる．以上から，$x = (2 + \sqrt{-1}) + (2 - \sqrt{-1}) = 4$ となることがわかった．ボンベリは $\sqrt{-1}$ を計算の対象となる数として認めたわけである．

real（実数）と imaginary（想像上の数，虚数）という用語を使ったのはフランスのデカルトだといわれている．また，$\sqrt{-1}$ を i で表したのは 1770 年のオイラーの代数の本が最初であるという．有名なライプニッツは虚数を「解析の不可思議，観念の世界の怪物，尾をもって実在と非実在の間に両棲するもの」と書いているから，完全に理解できなかったのかもしれない．複素数が数として認められるにはガウスをまたなければならなかった．

さて，3 次方程式が解ければ次は 4 次方程式へ向かうのは必然である．4 次方程式 $x^4 + ax^3 + bx^2 + cx + d = 0$ は 3 次方程式でやったように，$x = y - a/4$ とおくと，y^3 の項は消失する．そこで，4 次方程式は $x^4 + px^2 + qx + r = 0$ の形のものが解ければよい．

$x^4 = -px^2 - qx - r$ の両辺に $2x^2 t + t^2$ を加えると
$$x^4 + 2x^2 t + t^2 = (2t - p) x^2 - qx + t^2 - r,$$
$$(x^2 + t)^2 = (2t - p) x^2 - qx + t^2 - r$$
右辺が x の 1 次式の完全平方になるように t を定める．それには，右辺を $= 0$ とした 2 次方程式と考えたときの判別式が 0 になるようにすればよい：
$$q^2 - 4(2t - p)(t^2 - r) = 0$$
これは $8t^3 - 4pt^2 - 8rt - q^2 + 4pr = 0$ という 3 次方程式になる．これは，

すでに発見されている解き方で解くことができるから，このような t をとれば $(x^2+t)^2 = (mx+n)^2$ となる．これより，

$$x^2+t = mx+n \quad \text{または} \quad x^2+t = -mx-n$$

が求まるから，この2次方程式を解いて x を求めることができる．

4次方程式のこのような解法は16世紀には知られていた．次は5次方程式であるが，16～18世紀の数学者にはこの問題の解法が発見できなかった．19世紀の初めにようやくノルウェーのアーベル（1802～1829）によって解決されたのである．アーベルは，5次方程式の場合，係数の間に加減乗除と $\sqrt[n]{}$ の計算（代数的演算）を施すだけでは解くことは不可能であることを発見したのである．代数方程式を解くというのは，係数の間に代数的演算を有限回施して，方程式を $x = f(係数)$ の形に表すことである．2次方程式 $ax^2+bx+c=0$ なら，$x = f(a,b,c) = \dfrac{-b \pm \sqrt{b^2-4ac}}{2a}$ を求めることであり，5次方程式では，こういう計算は不可能なことを証明したのである．

これより以前，ドイツのガウス（1777～1855）は代数方程式は必ず解をもつことを証明していた．n 次の方程式は複素数の範囲では n 個の解をもつことを証明したのである．

5次方程式は代数的には解けないことがわかったわけであるが，それなら，逆に「代数的演算だけで解けるような方程式は一体どのようなものなのか」という問題を研究した数学者が現れた．それはフランスのガロア（1811～1832）である．ガロアはこの研究の過程で，後に「群・体」といわれる新しい代数的思考を導入したのである．これによって5次以上の代数方程式が代数的に解き得ない理由が明確に示されたのである．

以上のように，代数方程式の研究から新しい数や新しい概念が生まれたのであって，方程式の歴史は代数学の歴史といってもよいのである．

4. 鶴亀算とその類型問題

　湯川秀樹の自伝『旅人』(昭和35年,角川文庫)に「小学校の算術に,ツルカメ算などというのがある.まるで手品のような巧妙な工夫をしないと,答が出ない問題だ.それが代数では,答をエックスと書くことによって,苦もなく解ける.論理のすじ道を真っ直ぐにたどって行けばよい」と書かれている.鶴亀算とその類型問題は算数の花形問題であったのである.

　湯川さんが手品のような巧妙な工夫をしないと解けないといっているのは,ツルカメ算の解き方で,「カメをツルと思えば足数はどうなる」といった考え方を指しているものと思う.例えば,頭の数が35,足の数が94の場合,全部をツルと考えると,足の数は70で,実際より $94-70=24$ 本少ない.カメ1匹をツル1羽と考えると足の数は2本少なくなる.24本少なくなったのだから,カメ $24\div 2=12$ 匹のツルと考えたことになる.つまりカメの数は12匹である,という解き方を指している.確かに,カメをツルと思えというのは,おかしな考え方でわかりにくい.それより「カメが前足を2本引っ込めたと考えよ,といった方がわかりやすい」といったのは数学教育で有名な岩下吉衛であった.

　いろいろ批判はあるが,鶴亀算は中学で方程式(2元1次連立方程式)を扱うときにはよく利用される問題である.古代社会では数学は生活上の問題を解決するための手段として考えだされたものであるが,数学を教えるためにつくられた古算書をみると,鶴亀算のような現実離れをしたものもたくさん取り上げられている.江戸時代の庶民の算数教科書だった『塵劫記』をみても,数学遊戯的な問題もたくさん含まれている.鶴亀はまだ実在するが,

中国漢代の数学書には，六首四足のような怪獣がでてくる問題すら扱われている．これは，実用とは無関係で，ただ学習の興味を喚起しようとするものに違いないのである．以上の観点から，鶴亀算の歴史とその類型問題について，古算書を調べてみよう．

4-1 鶴亀算の由来

多分，中国の漢代に書かれたといわれている『孫子算経』という算書がある．著者は孫子であるが，有名な兵法家の孫子とは別人である．原書は残されていないが，唐代の高官 李淳風（りじゅんぷう）によって注釈をつけられたものが残っている．

奈良時代における大化の改新の後，律令国家がつくられた．律は刑法，令は行政法で，2つ合わせて国家統治の基本法典となった．大宝律令（701年），養老律令（718年）がつくられた．右大臣 清原夏野らの撰した『令義解（りょうのぎのげ）』によると，律令の中に「学令」というのがあって，算博士や算生がおかれて，そこで学ぶ算書があげられ，試験制度まで書かれている．この算書の筆頭に『孫子算経』が取り上げられている．

『孫子算経』下巻の第31問に次の問題がある（実際は縦書き，以下同様）：

「今有雉兎同籠，上有三十五頭，下有九十四足，問雉兎各幾何

　　　答曰，　雉二十三，兎一十二」

この問題は明の時代の程大位（ていだいい）による『算法統宗』（1593年）には，雉が鶏（きじ）に変わって次のようになる：

「今有鶏兎同籠，上有三十五頭，下有九十四足，問鶏兎各若干

　　　答曰　鶏二十三隻，兎一十二隻」

ここで，隻は船・矢・鳥・魚などを数える語である．これは次のような意味である：「鶏と兎が同じ籠にいる．頭が35，足が94のとき，鶏と兎の数

はそれぞれいくらか」

　数字は全く同じであるから，『孫子算経』の問題の雉兎を鶏兎に変えただけである．この頃は一般庶民にとって雉より鶏の方が身近な動物であったからだと思う．元の朱世傑による『算学啓蒙』(1299年)もすでに鶏になっていて，頭数100，足数272の問題がでているから，雉を鶏に変えたのは『算法統宗』より早い．ただし，『算学啓蒙』は天元術という代数を書いた本で，『算法統宗』はソロバンの解説書である．後者の方がはるかに多くの人に読まれているから，その影響は大きかったに違いない．

　さて，この問題を『算法統宗』は次のように解いている：

「法曰，置総頭倍之得七十，於総足内減七十餘二十四，折半得一十二是兎，以四足乗之得四十八足，於総足減之餘四十六足為鶏足，折半得二十三隻合問．一法以四因総頭減去総足，餘折半得鶏」

これは

「頭の数を2倍して70，これを総足数から引いた余り24を2で割ると12，これが兎の数である．この12を4倍した48を総足数から引くと，余りの46は鶏の足数である．これを2で割った23は鶏の数である．もう1つの方法は，頭数に4を掛け，それから総足数を引き，余りを2で割ると鶏の数になる」

という意味である．鶏の数をx，兎の数をyとすると，この問題は次のような連立方程式になる：

$$\begin{cases} x + y = 35 & \cdots\cdots (1) \\ 2x + 4y = 94 & \cdots\cdots (2) \end{cases}$$

　ここに書かれている解き方は，

$$(2) - (1) \times 2: \quad 2y = 94 - 35 \times 2 = 24, \quad y = 12$$

である．もう1つの方法は

$$(1) \times 4 - (2): \quad 2x = 35 \times 4 - 94 = 46, \quad x = 23$$

である．

中国の算書は早くから日本へ伝わっているが，『算法統宗』を種本として書いた有名な『塵劫記』には鶴亀算はでていない．少し後にでた今村知商の『因帰算歌』(1640 年) には雉兎が復活して次のようになっている．今村は多分『孫子算経』を見たのであろう．数字は少し違っている．

「兎雉の頭合三十二箇，此脚九十四足にして，雉十七羽，兎十五疋に成」

磯村吉徳の『算法闕疑抄』(1661 年) も雉兎になっている．これが鶴亀に変わるのは坂部広胖の『算法點竄指南録』(1810 年) においてである：

「爰に鶴亀合百頭あり，只云足数和して二百七十二，鶴亀各何ほどと問答曰，鶴六十四　亀三十六」

日本では鶴は千年，亀は万年などといわれて，縁起の良い動物とされていたので，鶴亀に変えたのであろう．

4-2　鶴亀算の類型問題

さて，『孫子算経』の雉兎算は下巻 31 問にでているのであるが，それより前の下巻 27 問には，次のような問題がでている：

「今有獣六首四足，禽四首二足，上有七十六首，下有四十六足，問禽獣各幾何　答曰　八獣七禽」

現代式では，獣(けもの)の数を x，禽(とり)の数を y とすると次のような連立方程式になる：

$$\begin{cases} 6x + 4y = 76 \\ 4x + 2y = 46 \end{cases}$$

『算法統宗』にも鶏兎算のすぐ後に次のような問題がでている：

「今有狐狸一頭九尾，鵬鳥一尾九頭，只云前有七十二頭，後有八十八尾，問二禽獣各若干　答曰　狐狸九箇　鵬鳥七隻」

現代式では，狐狸の数を x，鵬鳥(大鳥)の数を y とすると次のような連立方程式になる．

$$\begin{cases} x + 9y = 72 \\ 9x + y = 88 \end{cases}$$

また，次のような問題がでている：

「三足團魚六眼亀共同山下一深池．九十三足．乱浮水一百二眼．将人窺或出没．往東西倚欄観看不能知．有人算得無差錯．好酒重斟贈数杯　答曰　團魚　一十五箇　亀　一十二箇」

この設問部分は

「三足の團魚，六眼の亀，共に山下の一深池に同じくす．九十三足．乱れて水に浮かぶ一百二眼．将に人窺わんとするに，或いは出没し，東西に往き，欄に倚りて観看するも知る能わず．人あって算して差錯無きを得ば，好酒斟を重ねて数杯を贈らん」

という意味である．團魚とはどういうものかわからないが，いずれにしても架空の動物である．斟は斟酌の斟，訓は酒などを"くむ"ことである．團魚は3足となっていて，眼の数は問題には書かれていない．また，亀は6眼とあるが足の数はわからない．しかし，解き方のところには，團魚3足1眼，亀4足6眼となっている．

日本においても，江戸時代の和算家村井中漸の『算法童子問』(1781年)の巻之1，第12問には，「亀蛙の事」として『算法統宗』のこの問題を真似た次のような問題がでている．ここでは團魚は蛙に変えられている．

「高欄に凭りて庭前の池を見れば，六眼の亀あり．また三足の蛙あり．その数を知らず．足数合わせて九十三，眼の数合わせて百〇二なり．亀蛙の数各々何程と問ふ」（注：凭→もたれかかる）

この解き方は次のように書かれている：

「3足6眼を乗じて $3 \times 6 = 18$ より，4足2眼を乗じた $4 \times 2 = 8$ を引き，残り $18 - 8 = 10$，次に，6眼93足を乗じて558より，102眼4足を乗じた408を引き，残り150を得る．$150 \div 10 = 15$ が蛙の数である．これに

3足を掛けて45, これを総足数から引き 93 − 45 = 48, これを亀の足数4で割って 48 ÷ 4 = 12 が亀の数である.」

現代式では亀の数を x, 蛙の数を y とすると次のような連立方程式になる:

$$\begin{cases} 4x + 3y = 93 & \cdots\cdots (1) \\ 6x + 2y = 102 & \cdots\cdots (2) \end{cases}$$

$(1) \times 6 − (2) \times 4$ をつくると

$$(3 \times 6 − 2 \times 4)y = 93 \times 6 − 102 \times 4, \qquad y = \frac{93 \times 6 − 102 \times 4}{3 \times 6 − 2 \times 4}.$$

これが, この本の解き方である.

鶴亀算でも船山喜一輔之の『絵本工夫之錦』(寛政7年, 1795年) にでている問題は少し変わっている.

「鶴亀がいる. その年齢の和を鶴の年齢で割ると $11\frac{36}{329}$ で, 亀は鶴より8991歳多い. 鶴亀それぞれ何歳か」

この答えは, 鶴987歳, 亀9978歳である.

鶴を x 年, 亀を y 年とすると次のような連立方程式になる:

$$\begin{cases} \dfrac{x+y}{x} = 11\dfrac{36}{329} & \cdots\cdots (1) \\ y = x + 8991 & \cdots\cdots (2) \end{cases}$$

(1) より $\quad \dfrac{y}{x} = 10\dfrac{36}{329}$

$$y = 10\dfrac{36}{329} x$$

(2) へ代入すると $\quad 10\dfrac{36}{329} x = x + 8991$

これを解いて $x = 987$, $y = 9978$ となる.

計算が面倒だが, 鶴は千年, 亀は万年を念頭においてつくった問題であろう. 答の年齢が, 千年未満, 万年未満になるようにうまくつくられている.

鶴亀算の変形として面白いのは，明治2年出版の『算法珍書』という本にでている問題である．この本は序文7枚，本文17枚の小冊子である．

「金太郎足柄山にて天狗と熊とを共にして遊ぶ．ある時山姥その友達を数ふるに，頭七十七，足二百四十四あり．天狗と熊の数を問ふ．但し，熊は四足，天狗は二足也．　答　天狗　三十二，熊　四十五」

4-3 鶴亀算の図解

ところで鶴亀算の図解がでているのは長谷川寛の『算法新書』(1830年)である．この本は和算の教科書として広く読まれた本で，明治13年にも復刊されており，次のような問題とその解き方がでている：

「鶏兎合百頭在，足数合二百八十四本，鶏兎数各何程と問　答　鶏　五十八羽　兎　四十二疋」

術曰　鶏一羽の足二へ頭数百を掛け，二百を得．以て足数二百八十四の内より引残八十四実とす．兎一疋の足の内鶏一羽の足二を引残二以て実を割，兎疋数を得．頭数百の内より引鶏羽数を得．

解曰　鶏の数へ2を掛け鶏の足数とす．兎の数へ4を掛け兎の足数とす．足数合て284の象　下の図のごとし．

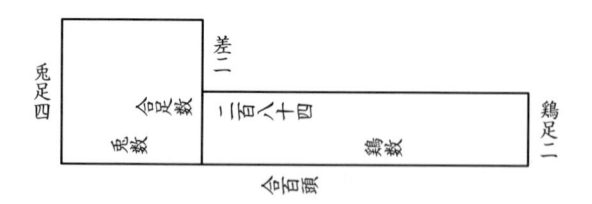

鶏の足2へ100頭を掛け合，足数284より引残り84を得，其象下の図のごとし．

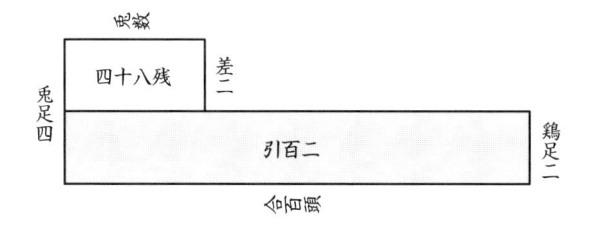

```
        兎    四十八残   差
        足              二
        四
              引百二         鶏
                            足
                            二
              合百頭
```

上の図の残 84 を差 2 を以て割り兎の数とす．

「カメをツルと思え」などという解き方よりは図解の方がましである．

4-4 動物が 3 種以上になったらどうなるか

　さて，鶏兎算にもう 1 種類動物を増やす（3 元 1 次連立方程式で，式の数が 2 つ）と答がひと組に定まらなくなる．その場合はもう 1 つほかに条件を加えなければならないことの例が『算法童子問』に次のようにでている：

「厨下を窺へば，庭に鶏あり．狗あり．また砧板に章魚あり．庖人が曰く，三種合せて二十四箇，足数合せて百〇二足なり．鶏・狗・章魚各々幾何と問ふ．但し，鶏二足，狗四足，章魚八足」

（注：砧板は"物を切るとき下に置く台"のことで，まな板のこと．）

　この問題は鶏，狗，章魚の頭数をそれぞれ x, y, z とすると，次のような連立方程式になる：

$$\begin{cases} x + y + z = 24 & \cdots\cdots (1) \\ 2x + 4y + 8z = 102 & \cdots\cdots (2) \end{cases}$$

これは"不定"の問題である．

　$(2) - (1) \times 2$ をつくると $2y + 6z = 54$ すなわち $y + 3z = 27 \cdots (3)$
これから $z = 9 - \dfrac{y}{3}$ が得られるから，この問題の解として次頁の表のように 7 通りが求まる．『算法童子問』には ②, ③ の 2 つの解が落ちている．

	狗	章魚	鶏
①	$y=3$	$z=8$	$x=13$
②	$y=6$	$z=7$	$x=11$
③	$y=9$	$z=6$	$x=9$
④	$y=12$	$z=5$	$x=7$
⑤	$y=15$	$z=4$	$x=5$
⑥	$y=18$	$z=3$	$x=3$
⑦	$y=21$	$z=2$	$x=1$

　この問題の解をひと組にするには，例えば，"鶏と狗の和は章魚の5倍に等しい"といった条件をつければよい．村井中漸は次のように書いている：
「鶏兎算に一種増したれば，外に辞(ことば)を加ふべし．然らざれば答数かくの如く一種に定まらず，如何様にもなるなり」
　和算家たちは，こういう問題を創作して数学を楽しんだのである．

5. 詩文で書かれた数学の問題

数学の問題というと,「計算せよ,求めよ,証明せよ」といった味気ないものが大部分であるが,美しい詩文で書かれた問題もある.それらのいくつかを紹介してみよう.

5-1 ディオファントスは何歳まで生きたか

ここで紹介する詩文は5世紀頃の『ギリシア詞華集』にでているものである.ディオファントスは3世紀頃に活躍した人で,方程式を省略記号で表したことで知られている.次の訳文は,ファン・デル・ヴェルデンの『数学の黎明』(村田 全,佐藤勝造 訳,みすず書房)によった.

　　この墓石の下,ディオファントスは眠れり.見よ,この驚異の人を!
　　ここに眠る人の技を介して,墓石はその齢を示せり.
　　神の許しのままに,彼は生涯の六分の一を少年として過ごせり,
　　続く生涯の十二分の一は,髭をその頬に蓄えたり,
　　さらにその七分の一を経て妻を娶り,
　　五つとせの後,一人の息子を得たり.
　　悲しいかな,その子,人びとの愛を享けつつ,
　　父の生の半ばを生き,運命の下にみまかる.
　　この大いなる悲しみに追わるること四年,
　　父もまた,その地上の生を終えたり.

ディオファントスの亡くなった年齢を x とすると次の方程式が成り立

つ：
$$\frac{1}{6}x + \frac{1}{12}x + \frac{1}{7}x + 5 + \frac{1}{2}x + 4 = x.$$

この式から $x = 84$ が求まり，84歳で亡くなったことがわかる．

5-2 インドの数学書の問題

  恋のたわむれに
  首飾りの糸が切れ
  六粒の真珠しか残っていない
  三分の一は下にこぼれ
  五分の一はふしどに残っていた．
  小間使は六分の一を拾い
  恋人は十分の一を拾った．
  麗わしの乙女よ言っておくれ
  真珠の数はいくつであったかを．

この問題は8世紀のシュリーダラの算術書にでているものである（小堀 憲『数学史鈔』，秋田屋）．真珠の数を x とすると次の方程式が成り立つ：

$$6 + \frac{1}{3}x + \frac{1}{5}x + \frac{1}{6}x + \frac{1}{10}x = x$$

これを解いて $x = 30$ となる．

 インドの数学の問題には，詩文調で書かれているものがある．12世紀のバスカラの『リーラーヴァティー』から引用してみよう（林 隆夫・矢野道雄訳『インド天文学・数学集』，科学の名著，朝日出版社）：

 「小鹿のように揺れる眼差しをした幼きリーラーヴァティーよ．135に12を掛けたらいくつになるだろうか，いいなさい」

 「雀 蜂の群れの半分の平方根，および全体の 8/9 はマーラティーの花へ

行ってしまった．一方，夜に香りのとりことなって蓮の花の中に入ったまま閉じ込められてブンブンと羽音を立てている1匹の雄蜂に応えて，1匹の雌蜂が羽音を立てている．魅惑的な女性よ，蜂の数を述べなさい」

2つ目と同じ問題がカジョリの『初等数学史』(小倉金之助 補訳，1970年，共立出版) では次のように訳されている：

「ミツバチの1群がある．その半分の平方根の数だけが，ジャスミンの草むらに飛び去った．あとに残ったのは全群の 8/9 である．（そのほかに）1匹の雄バチは，夜中にハスの花の甘い香りに誘惑されて，花のなかに入ったので，いまはそのなかに監禁されて，ぶんぶんしている．そして1匹の雌バチは，その雄バチのまわりを飛んでいるのだ．ハチの数はいくつか」

蜂の数を x とすると次の方程式が成り立つ：

$$x - \sqrt{\frac{x}{2}} = \frac{8}{9}x + 2$$

これを解いて $x = 72$ となる．ただし全部の問題が，こういう調子で書かれているわけではない．

5-3 漢詩で書かれた中国の数学問題

(1) 　　遠望巍々塔七層　　　［遠望巍々たり塔七層
　　　　紅光点々倍加増　　　　紅光点々倍加して増す
　　　　共燈三百八十一　　　　燈共に三百八十一
　　　　請問尖頭幾盞燈　　　　請問す，尖頭幾盞の燈ぞ］

　〈 遠くに七層の塔が見える
　　　紅色の燈火が点々と次第に倍々と増えて見える
　　　燈火の数を数えると全部で三百八十一ある
　　　それでは一番上の層にある燈火の数は幾つか 〉

日本へ伝わって『塵劫記』(1627年) の種本になった中国の明代の算書

『算法統宗』(程大位 著，1592年) にでている問題である．

尖頭の燈火の数を x とすると次の方程式が成り立つ：
$$x + 2x + 4x + 8x + 16x + 32x + 64x = 381$$
これを解いて $x = 3$ となる．『算法統宗』では，
$$1 + 2 + 4 + 8 + 16 + 32 + 64 = 127, \quad 381 \div 127 = 3$$
と計算されている．

この問題は倍加する問題だが，『算法統宗』には，この問題の前に「行程減等歌」という見出しで，次のような，半減する問題がでている．

(2)　　三百七十八里関　　　｛三百七十八里の関
　　　　初行健歩不為難　　　　初行健歩難と為さず
　　　　次日脚痛減一半　　　　次日脚痛み一半を減じ
　　　　六朝纔得到其関　　　　六朝 纔(わずか)に其の関に到るを得たり
　　　　要見毎朝行里数　　　　見るを要す毎朝行く里数
　　　　請公仔細算相還　　　　請う公仔細に算して相還れ｝

378里離れた関まで帰るのに，初日は難なく歩いたが，2日目からは脚が痛くなって前日の半分ずつ減らして歩き，6日目の朝にやっとのことでその関に到達することができた．毎朝行く里数をよく見て，子細に計算して帰りなさい，ということである．

初日に歩く里数を x とすると次の方程式ができる：
$$x + \frac{x}{2} + \frac{x}{4} + \frac{x}{8} + \frac{x}{16} + \frac{x}{32} = 378$$
これを解いて $x = 192$，初日192里，2日目96里，3日目48里，4日目24里，5日目12里，6日目6里 となる．

これらの問題は江戸時代の村井中漸の『算法童子問』(1781年) の巻2の14問では「倍増・倍減の事」という題で次のような問題に作り替えられている．この頃の算書はすべて縦書きである．

「東寺五重の塔に燈(ともしび)を點(てん)ず．上一重より下五重に至るまで，次第に一倍増し

に燈して，惣燈数百二十四盞あり．第一の燈の数何程と問ふ（注：一倍は現在の2倍のこと）．　　　　　　　　　　答え　4, 8, 16, 32, 64

京より故郷へ帰る道程百八十六里あり（但し六町一里）．初日に道を急ぎ，次の日足を痛め，昨日の道半分ならでは行き難し．それより次第に半分ずつ減じて，五日目に帰る．毎日の道のりを問ふ．　　答え　96, 48, 24, 12, 6」

再び，『算法統宗』にでている問題である．
（3）　　　隔墻聴得客分銀　　　不知人数不知銀
　　　　　　七両分之多四両　　　九両分之少半斤

墻（垣）の向こうで人が銀を分けているのを聴いた．人数も銀もわからないが，7両ずつ分けると4両あまり，9両ずつ分けると半斤不足するという（注：1斤 = 16 両である）．　　　　　　答え　人数6人　銀46両

解き方には次のような計算が記されている：

$7 \times 8 = 56$,　　$9 \times 4 = 36$,　　$56 + 36 = 92$,　　$9 - 7 = 2$

$92 \div 2 = 46$　……　銀

$4 + 8 = 12$,　　$9 - 7 = 2$,　　$12 \div 2 = 6$　……　人数

中国の数学書は，答を出す計算法は書かれているが，どうして，そういう計算をするのか理由の説明は全くないのが普通である．現代式を用いて本で説明されている解き方を次に示しておく．

この問題は，人数を x 人，銀を y 両とすると次の連立方程式になる：

$y = 7x + 4$　……（1）　　　（1）× 9　　$9y = (7 \times 9)x + 4 \times 9$

$y = 9x - 8$　……（2）　　　（2）× 7　　$7y = (7 \times 9)x - 8 \times 7$

（1）× 9 −（2）× 7 をつくると

$(9 - 7)y = 4 \times 9 + 8 \times 7$

$2y = 4 \times 9 + 8 \times 7 = 92$　　　より　　$y = 92 \div 2 = 46$

（2）より　$9x = y + 8$　……（3）　　　（1）より　$7x = y - 4$　……（4）

（3）−（4）をつくると

$$(9-7)x = 8+4$$
$$2x = 12 \quad より \quad x = 12 \div 2 = 6$$

のように答えが求まる．

5-4 ロシアの数学書の問題

  ロシアについたフランス・マダム
  カバンの中身を値ぶみをしよう
  シャレた仕立ての衣裳が一つ
  フィガロ風のきどった帽子
  問うはロシア人，答えはマダム
  まず第一の衣裳の代は
  フィガロ帽子の三倍半で
  合わせてみれば4アルトィンと半分？
  うそよ，たったその半分よ！
  答えてごらん，この品々の
  フランス婦人の調度の値段

これは1786年の本にでている問題である（ジェプマン 著『数学ものがたり』，科学の仲間 II，もののべ・ながおき 訳，理論社，1956年）．

1アルトィン＝3コペイカ である．帽子の値段を x アルトィンとすると，衣裳の値段は $3\frac{1}{2}x$ アルトィン，したがって次の方程式ができる：

$$x + 3\frac{1}{2}x = 4\frac{1}{2} \times \frac{1}{2} \qquad これを解いて\ x = \frac{1}{2}$$

答え 帽子 $1\frac{1}{2}$ コペイカ，衣裳 $5\frac{1}{4}$ コペイカ

フランスの劇作家ボーマルシェ（1732～1799）の有名な『セビリアの理髪師』，『フィガロの結婚』がロシアへも伝わったのであろうか．

5-5 江戸時代の数学書の問題

（1） 男女待年嫁入事（なんにょ，としをまちて，よめいりすること）

昔，何がしとかや云ひつる人，一人の娘をなん持たりける．其の生れつきいと清らにありければ，生ひ先いみじう思はれ，春の花，秋の月の如くいつき傅き育てつつ，既に七年にもなりしかば，嬋娟たる花の粧ひ，又もや似るべくもあらねば，見る人懸想せざるはなし．爰にまた其の邊りになん年の程三十にぞなれりけるあでなる男，是もかの娘を見てしより，静心なく，遂には此の女をこそ得めと，日々に戀しくのみ覺えければ，ある時かの家に行きつつ，娘の親に氣色をとりて，しかじかの事ども語り侍りしに，親は思ひ設けぬ事にていかがと躊ひけるが，さすが等閑にもなりがたく，「誠に切なる心ざし，いかで無下に思はんや．しかあれども，年の程けやけく違ひ侍りぬ．せめて半の違ひならば苦しからんに，今公の年を四つにして其一つに足らぬ女のことなれば，願はくは是を許し給へ」とありければ，「さあらば，若しくは年を待ちて，互に半違ひたらん事あらば，其の時給びてんや」とひたぶる言葉を盡し乞ひければ，さすが岩木にしあらねば，否みがたくて，「兎も角も」となん云ひしを，男いと痛く悦びて，此のこと年比親しき友どちの算士に問ひけるに，即ち，「十六年待ち給へば，男は四十六歳，女は廿三歳となる」と答へしと，聞き傳へ侍べりしが，其術如何と問ふ．

答へて云ふ，待つこと十六年　　男四十六歳，女二十三歳

法に曰く，女子の年数七つを置きて，之を倍して十四となる．是を男の年数三十の内にて引けば，残り十六となる．これ待つ年なり．是に今の年の数を加ふれば，各の年の数となるなり．

（注）　嬋娟：顔や姿の美しくあでやかなさま．傅く：子供を大切に育てる．懸想：異性におもいをかける．氣色：顔色，様子，外見．等閑：あまり注意を払わない．無下にする：捨てて顧みない．

この問題は，x 年後に男の年が女の年の 2 倍になるものとすると次の方程式になる：

$$2(7+x) = 30+x \qquad 2\times 7 + 2x = 30 + x$$
$$2x - x = 30 - 2\times 7 \qquad x = 30 - 2\times 7$$

これが「法に曰く 」に書かれている計算法である．

これは中根彦循（号は法舳，1700？～1761）の『勘者御伽雙紙』（寛保 3 年，1743 年）の巻中の第 1 問である．この本は数学遊戯を集めた本として有名であるが，上中下各巻の第 1 問だけが，こういう文体で書かれている．勘者は算勘者つまり数学にすぐれた者という意味で，書名は「数学者の徒然を慰める本」ということになる．中根彦循の父 中根元圭（1662～1733）は徳川吉宗の暦学顧問を勤めた人である．中根元圭は初め京都で田中由真に学び，後に江戸へでて関 孝和の弟子の建部賢弘に学んだという．田中十郎兵衛由真（1651～1719）には『雑集求笑算法』（著作年不明）という数学遊戯を集めた著書がある．和算は京阪地区が始まりで，和算の始祖といわれる『割算書』の著者 毛利重能は京都の人であり，有名な『塵劫記』の著者 吉田光由も京都嵯峨の人である．中根彦循は父から『雑集求笑算法』について学んだにちがいない．

ところで，井原西鶴の『本朝桜陰比事』（元禄 2 年，1689 年）の巻三の中に「待てば算用も相寄る中」という題で同じような話が書かれているから，中根彦循はこれを参考にして上の問題をつくったものであろう．こちらの方は男が 35 歳で女が 15 歳であるから，中根の問題より少しは現実味がある．

（2）小町算

(1) で紹介した『勘者御伽雙紙』巻上の第 1 問は『小町算の事』である．これは能の『通小町』『卒都婆小町』を話題とした数学遊戯的問題である．

　　ときはなる　松のみどりも　春くれば　今ひとしほの　色まさり
　　　空のけしきも　うららかに　霞わたりて　花もやや　開きそめたる
　　　　梅が枝に　おりつあがりつ　うぐひすの　さへづる声の　やさしさを

花より外に　知る人も　無き折からに　友どちの　三人四人(みたりやたり)が
おとづれて　いつも変わらぬ　常夏の　浮世語りも　ほど過ぎて
いにしへ人の　歌などを　語り合はせて　短尺に　書きつらねたる
しきしまや　やまと言(こと)の葉　勝ち負けも　何れ劣らぬ　諸人(もろびと)の
詠(なが)めにあかぬ　前栽や　鶴と亀との　かはらけを　まづ取り上げて
とりどりに　酒をすすめて　もろともに　へだてぬ中の　たのしみと
差しつ押さへつ　つぎめとて　五十(いそじ)ばかりの　はしたもの
銚子たづさへ　出(いで)けるを　幸ひ相(あい)と　頼みつつ　次第に酔の
めぐりきて　下女が心を　あづさゆみ　ひく手あまたの　たはぶれを
いと嬉しげに　うち笑(え)めば　げに業平(なりひら)　詠(えい)じけん　歌のこころに
ひきかへて　けぢめ見せつつ　百歳(ももとせ)に　一歳(ひととせ)足らぬ　江浦髪(つくも)
我は怖(こわ)らし　面影(いや)　厭やといへば　人々は　念じわびつつ　同音に
ふき出だしてぞ　わらひける　中にひとりは　さればその
九十九(つくもがみ)にて　思ひ出し　ここにひとつの　不審あり　卒都婆小町(そとば)の
其中に　一夜二夜(ひとよふたよ)や　三夜四夜(みよよよ)う　五六(いつむ)はあらで　七夜八夜(ななよやよ)
九夜十夜(ここのよとよ)と　うたひつつ　さて其の奥に　書き置ける　九十九夜(くじゅうくよ)には
いかがして　なることやらん　其の種子(たね)を　聞かまほしし と
ありければ　傍(かたへ)の人の　進みいで　先つ頃(さい)より　この道に
心をひそめ　今ぞ知る　無算(むさん)の人の　中なかに　及ぶところに
あらずとて　いとこちたくも　言ふやうは　はじめに見えし
其の数の　一二三四と　また後の　七八九十　前後なる
しだいしだいを　見合はする　其手立てこそ　かくばかり
一と七とや　二と八と　三と九とをや　四と十と　おのおの別に
かけあわせ　四口併(よくちあわせ)て　九十あり　さてまた重ね　言葉とて
をどりし文字の　四、の四つ　七、夜の七つ　九、の夜の
九、のつ三口　合はすれば　二十となるに　九十をば　加へいれつつ
百十(ひゃくとお)と　なりし其のうち　五と六と　抜けしことばを　引くときは

5. 詩文で書かれた数学の問題

　残りすなはち　九十九と　なると答へて　退(しりぞ)けば　席のひとびと

　感に堪へ　是は奇代(きたい)と　手を打つ(うち)　また銚子をば　あらためて

　なほなほ興(けう)に　入り合ひの　鐘もろともに　立ちさわぎ

　しやうだいもなき　言の葉を　筆にまかせて　書き捨てにけり

　原文は読みにくいという人のために，抄訳と解説をつくってみた．

　（大意）　春の初め3,4人の友達が集まって，鶯のさえずる声のする庭を眺めながらおしゃべりが始まった．最初は世間話だったが昔の歌の話になり，酔いがまわってくると，酒を運んできた50歳くらいの老女を相手に冗談話になった．

　その時ある人が，昔，業平は老女に思われて，「百歳に一歳足らぬつくも（九十九）髪，吾を恋ふらし，俤(おもかげ)に見ゆ」と詠(うた)ったが（伊勢物語），それにひきかえ，自分はそんな老女は怖いみたいで俤も厭だというと，皆は一斉に吹きだした．（ここにでてくる九十九が問題になる）

　九十九がでてきたとき別の人が能の『卒都婆小町』を思いだした．高野山の僧が洛外で，朽ちた卒都婆に腰掛けて休んでいる老女に，卒都婆のいわれを説いて別の場所へいくようにすすめる．すると老女は僧の話に一々反論して逆に僧を論破してしまう．そこで僧が老女の名を尋ねると小野小町だとわかる．やがて老女にとりついている四位少将の霊が老女に取って変って「小町のもとに通おう」と叫び，九十九夜も通ったという昔話を始めるという話である．

　「人目忍ぶの通ひ路の，月にも行く暗にも行く，雨の夜も風の夜も，木の葉の時雨(しぐれ)雪深し，軒の玉水とくとくと，行きては帰り，かへりては行き，一夜二夜三夜四夜，七夜八夜九夜．豊の明(あかり)(1)の節会(せちえ)にも，逢はでぞ通ふ鶏の，時をもかへず暁の，搢(しじ)(2)のはしがき百夜まで通ひて九十九夜になりたり」

　そして，一二三四夜と七八九十（豊）夜でどうして九十九夜になるのかと問題を投げ掛けた．

すると一人が進み出て，これは算術のわからない人には理解できない，私が説明してみましょうといって説明を始めた．その計算は次のようなものであった．

$$1 \times 7 + 2 \times 8 + 3 \times 9 + 4 \times 10 = 90$$
$$90 + 4 + 7 + 9 = 110, \quad 110 - 5 - 6 = 99$$

席にいた人たちは，この説明を聞いて，これは希代不思議と手を打って感心し，宴は一層盛り上がった．

（1） 実際の謡には九夜の次は十夜ではなく，豊の明の節となっている．これは天皇が豊楽殿（紫宸殿）にでて，新穀を食し，諸臣にも賜る儀式である．重要な豊の明かりの節会の夜にまで通ったというわけである．この豊の明かりを十夜と置き換えて数をそろえたものである．

（2） 搨：牛車から牛を放したときに，ながえのくびきを支えたり，また，乗り降りの際の踏み台とするもの．

観阿弥（1333〜1384）作の能の一つに『通小町』というのもある．ある僧のところへ毎日木の実や薪をもって訪れる女がいる．名を尋ねると市原野に住む者とだけ答える．そこで僧が市原野へ出向いて読経すると，小野小町の霊が現れて僧の弔を喜ぶが，小町の後を追って深草の四位少将の霊が現れて小町の成仏を妨げるという話で，この中に少将が小町のもとへ九十九夜も通ったという話がでてくる．

『勘者御伽雙紙』には，$1 \times 10 + 2 \times 9 + 3 \times 8 + 4 \times 7 + 5 \times 6 = 110$, $110 - 5 - 6 = 99$ という別の計算法も書かれている．

さて，小町算のそもそもは，この問題のように 99 をつくることであった．それが次第に 5, 6 も含めて 1 から 9 までの九つの数でいろいろな数をつくる問題に変わっていき，特に区切りのよい 100 をつくる問題が中心になったのである．

1〜9 をこの順序に使って，加減だけの記号で 100 を表す例をいくつかあげてみよう．

$$12+3+4+5-6-7+89=100$$
$$12+3-4+5+67+8+9=100$$
$$1+23-4+56+7+8+9=100$$
$$1+2+34-5+67-8+9=100$$
$$12-3-4+5-6+7+89=100$$
$$1+2+3-4+5+6+78+9=100$$

乗除を使えば，さらに多くの方法が考えられる．

5-6 数学の公式を詠んだ歌

『因帰算歌』(今村知商 著，寛永17年，1640年) という本がある．この本は，数学の公式を簡単な歌で覚えられるように工夫したものである．序文に次のように書かれている：

「今時の幼き人を見るに，役に立たぬ歌を歌ひ，悪狂をし，そことなく，いたづらに日を送りぬ．ここを嘆かしく思ひ，とても歌はん歌ならばと，三十一字の文字の内に，それぞれの算を集と成し，算歌と名づく．願はくは，幼き人，此歌を口にし，算馬(そろばん)を手にせば，後の宝と成りつべし」

現代の人にとってはわかりにくいものだが，例をあげてみよう．

　　　　　　　山形は　つりとはたばり　かけてまた
　　　　　　　　　　　　　　二つにわりて　歩数とぞしる

これは三角形の面積の公式を詠んだものである．「つり」は高さのこと，吊る，釣糸からの連想であろう．次の歌では「たつ(縦)」と書かれており，「たつ」は和船の船上に真っ直ぐに立てた柱のことである．「はたばり」は機織り用の伸子(しんし)のことである．洗い張りや染色のとき，布地の両縁に弓形に張って布が縮まないようにした竹製の細い串のことで，転じて「はたばり」は幅のこと，歩数は「ブカズ」と読む．ブは現在の坪のこと，一歩(複歩)四方の土地の広さを「ヒトツホ」と呼んだ．この言葉へ現在の坪という字が

当てられた．

　　　　　方錐は　方かけ合せ　たつをかけ
　　　　　　　　　　　三つにわりてぞ　坪数としる

これは正四角錐の体積の公式を詠んだものである．方は正方形のことだが，ここでは，一辺の長さを指している．歩数は坪数となっている．

　数学の問題ではないが，数学学習の心構えを詠んだ歌がある．『新刊算法起』（田原嘉明 著，承応年間）にでているものである．

　　　　　早くとも　しづかに算を　合すべし
　　　　　　　　　　　違へば下手と　いつもいはれん

（注）　しづかに：落ち着いて，慌てないで．

　江戸時代の和算家の中には，和算を和歌や俳句と同じように考えて，趣味として勉強した人が多かった．和算家の中には俳諧の宗匠(そうしょう)をしていた人もいた．和算の問題には，"継子立(ままこ)て" "目付字(めつけじ)" などといった数学遊戯的な問題が多い．また，『塵劫記』の挿絵のように色刷り版画の先駆をなしたようなものもあった．『絵本工夫之錦』（船山輔之，1795 年）のように絵入りで書かれた子供向きの和算書もある．和算家は研究した問題を絵馬にして神社仏閣へ奉納した．算額といわれているものである．算額の問題には幾何図形が多いが，これらに彩色したものは一種の美術品としてみることもできる．このように，和算には多分に芸術性がみられる，といったのは和算史研究で有名な三上義夫(みかみよしお)である．三上は日本で江戸時代に和算が発達した理由は，奈良時代から建築，絵画，彫刻などにみられるように，芸術が発達していたからであるという．日本では，まず芸術が発達して，しかる後に数学および諸科学が発達したという．三上は「優秀な芸術を創りだすことができた民族は，機会さえあれば優秀な科学を創りだす素質をもっているものだ」と述べている．反面，芸術なき国には立派な科学は育たないものだ，とも述べて，例として，ギリシアとローマをあげて比較している．

6. 古算書にみられる利息の計算

利息の計算などは数学の発展とは無縁なものと思う人が多いだろう．しかし，有名な東西の古算書はすべて利息の問題を扱っている．生活との関係からいえば，もっとも密接なことだからである．数学の歴史をみると，利息の計算からいろいろな数学が創造されてきている．例えば，パーセントは分数で表された利率による利息計算を回避しようとして考えられたものであるが，やがては10進分数(小数)の発明の契機にもなった．また，複利計算が普及すると，その計算を能率的に行うにはどうしたらよいかが工夫されたが，その一つの方法が対数の発明である．

初等数学の問題として利息の計算は主要なものの一つであった．かつては，算数や数学の教科書でも利息の計算が問題として扱われていた．初等数学を歴史的観点からみたとき，利息の問題はどうしても省くことができないものなのである．

6-1 古代バビロニア時代からあった利息の計算

利息の計算は古代バビロニア時代から行われていた．バビロニアは神殿を中心とした社会だったが，土地でも家畜でもすべてが神のものという考えがあった．このため，収穫が終わると農民たちはその一部を神へ捧げて感謝の意を表していた．家畜についても最初の子(初子)が生まれると神殿へ捧げたといわれている．

さて，こうなると神殿の倉庫は神の財産でいっぱいになってしまう．そこ

6-1 古代バビロニア時代からあった利息の計算

で，知恵のある神官たちはその財産を農民たちへ貸し出して利息をとって神の財産を殖やそうと考えた．紀元前18世紀の有名なバビロン王ハムラビ（Hammurabi）の時代につくられた最古の法典であるハムラビ法典には，銀の貸付には20％，大麦の貸付には$33\frac{1}{3}$％の利息をとることが定められていた．当時は銀が貨幣として通用していたのである．

さて，バビロニアの古い粘土板に次のような問題が解かれている[*]：

「1ガル（gur は約300リットル）の大麦を年利20％で貸しつけた場合，何年後に元利合計が2ガルになるか」

年利20％の場合，元利合計が元金の2倍になる期間を尋ねているわけである．複利計算とすると，1年後には 1.2 倍，2年後には $1.2^2 = 1.44$ 倍，3年後には $1.2^3 = 1.728$ 倍，4年後には $1.2^4 = 2.0736$ 倍になる．したがって，この答えは3年数か月になるはずである．

数学の得意な現代人は，対数を使って次のように計算するであろう．

x 年後に元利合計は 1.2^x 倍になるわけだから，x 年後に2倍になるとすると，$1.2^x = 2$ が成り立つ．この式の両辺の対数をとると

$x \log 1.2 = \log 2$ だから，

$x = \dfrac{\log 2}{\log 1.2} = 3.80178\cdots$ 年

となる．

では，当時のバビロニア人はどうやってこの問題を解いたのであろうか．次のような巧妙な方法を使っているのである．

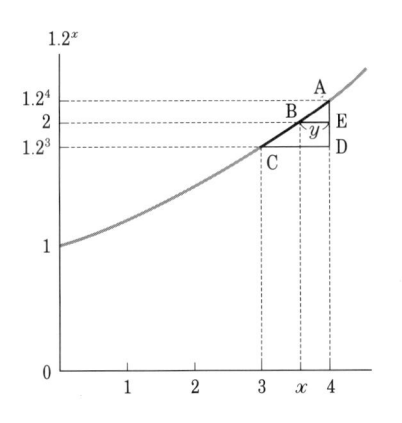

---

[*] 室井和男『バビロニア数学 粘土板 AO 6770 の再検討と新解釈の提出』，科学史研究，II，26（1987年）

$1.2^4 = 2.0736$, $1.2^3 = 1.728$ になるから求める年数 x は 3 と 4 の間の数だとわかる．そこで求める答えを $x = (4 - y)$ 年 とおいて，比例の計算で y の値を求めていたようである．

前頁の図で $\triangle$ABE と $\triangle$ACD を相似と考える．AE $= 2.0736 - 2 = 0.0736$, AD $= 2.0736 - 1.728 = 0.3456$, BE $= y$, CD $= 1$ であるから，次の比例式が成り立つ：

$$y : 0.0736 = 1 : 0.3456$$

この式から $y = \dfrac{0.0736}{0.3456} = 0.21296\cdots$ となるから，$x = 4 - y = 3.787$ 年となる．正しい値は $3.80178\cdots$ であったから，その差はわずかに 0.002 年にすぎない．こういう計算をしていたのだからバビロニアの数学はかなり進んでいたことが想像できる．

6-2 身分が低い人ほど高金利だった古代インドの利息計算

バスカラ II（1114年生まれ）の著書『リーラーヴァティー』はインド数学の最高峰ともいうべきもので，また，もっとも多くの人に親しまれた数学教科書でもあった．この本の中に利息の計算問題がたくさんでてくる．簡単な問題をあげてみよう．

「1か月当り 100 に対して 5 の利率で 1 年間に元金と利息の和が 1000 になった．元金と利息はそれぞれいくらか」

利率は 1 か月で 5/100 つまり 5 % だから，1 年では 60 % である．1 年後に元金の 1.6 倍になるわけだから，元金は $1000 \div 1.6 = 625$，したがって，利息は $1000 - 625 = 375$ である．

「94 ニシュカ（お金の単位）を 3 部分にわけて，それぞれ 100 に対して 5, 3, 4 の利率で貸し与えたところ，7, 10, 5 か月で生じた利息が 3 部分とも等しくなった．それぞれの部分額を求めよ　　答えは 24, 28, 42」

6-2 身分が低い人ほど高金利だった古代インドの利息計算

いま，3つの部分額をそれぞれ A, B, C とすると，次の連立方程式が成り立つ：

$$\begin{cases} A + B + C = 94 \\ A \times \dfrac{5}{100} \times 7 = B \times \dfrac{3}{100} \times 10 = C \times \dfrac{4}{100} \times 5 \end{cases}$$

2番目の式は簡単にすると，$7A = 6B = 4C$ となる．これから，$B = \dfrac{7}{6}A$，$C = \dfrac{7}{4}A$ を1番目の式へ代入して A を求めると $A = 24$，この値を $7A = 6B = 4C$ へ代入すると $B = 28$，$C = 42$ が求まる．

面白いのは，古代インドでは貸す相手の身分によって利率が異なっていたということである．上の問題にはそれがはっきりと書かれていないが，古代インドの法典中最も権威のあるものとされている『マヌ法典』（紀元前後に成立）の第8章の「債権の利息および担保」の中に次のように書かれている．この法典はバラモンの特権を強調した内容になっている．

「100のうち 2, 3, 4 および 5 を限度として月々の利子として階級の順に従いて取るべし」

月5％は年利にすると60％（6割）だから大変な高利である．普通なら身分の低い人ほど困っているわけだから，利率は低くしてあげるのが当然と思うのだが，それが逆になっているのである．バラモン（僧侶）からは2％，クシャトリヤ（王侯，貴族）からは3％，ヴァイシャ（平民，農民）からは4％，シュードラ（奴隷）からは5％とるようになっているのである．

『マヌ法典』には次のような規定も書かれている：

「一度に支払われる高利は，決して元金の2倍を超過すべからず．穀物，羊毛，駄獣は元の5倍を超過すべからず」

「法定率を越え，法律に反したる利息は，これを回復し得ず．そは高利の道といわれる．貸方は100のうち5まで権利を有す」

「年を越えて利息を取るべからず．あるいは承認されざる利息，或いは権

利，超過利子および肉体上の利息（主として筋肉労働）を取るべからず」
（『マヌ法典』田辺繁子 訳，岩波文庫　昭和 28 年）

複利は禁止されている．肉体上の利息というのは，利息を払えない人が，その分だけ労働して返すということである．

6-3　年賦返済のような方法もあった古代中国の利息計算

中国の漢代には存在していた古算書『九章算術』巻第三衰分(しぶん)に次のような問題がでている：

「1000 銭を人に貸すとき，1 か月の利息は 30 銭である．いま人に 750 銭を貸して 9 日間で返済された．その利息はいくらか」

これは簡単な問題である．1 か月の利率は $\frac{30}{1000}$ だから 3 ％ である．しかし年利にすると 36 ％ の高利である．750 銭の 1 か月の利息は $750 \times 0.03 = 22.5$ 銭 である．よって，9 日間の利息は $22.5 \times \frac{9}{30} = 6.75$ 銭 になる．

さて，この問題で注目しなければならないのは，利息が年単位とか月単位でなく日単位で計算されていることである．これは明らかに農民に対する貸付ではない．農民対象なら収穫から次の収穫まで 1 年はかかるわけであるから，貸借は年単位（年賦(ねんぷ)）あるいは月単位（月賦(げっぷ)）になるはずである．商人なら日銭が入るから，日単位の貸借が可能となる．したがって，このような問題があったということは商業活動が活発に行われていたことを物語っている．

『九章算術』巻第七盈(えい)不足には，次のような興味ある問題がでている：

「ある人が銭をもって蜀(しょく)へ商売にいった．その利益は年に 10 について 3 であった．最初の年に 14000 銭を返し，2 年目に 13000 銭，3 年目には 12000 銭，4 年目には 11000 銭を返して，最後の 5 年目に 10000 銭を返した

6-3 年賦返済のような方法もあった古代中国の利息計算

ところ，すべての返済が終わった．しかし，手元には1銭も残らなかった．この人が借りて持っていった銭と稼いだ利益はいくらだったか」

中国では漢が滅びた後，魏，呉，蜀の三国が鼎立して争った時代があった．西暦3世紀頃のことである．この頃の商人の金銭の貸借を扱ったものである．この問題は，借りた金で商売をして，儲けた金で借金と利子を分割払いしながら5年間で全額返済したということである．

さて，借りたお金を x 銭とすると，利益は年30％だから，このまま続ければ x 銭は5年後には $1.3^5 x$ 銭になるはずである．

最初に返した14000銭はそのまま運用していたとすれば4年後には $1.3^4 \times 14000$ 銭，同様に2年目に返した13000銭はそのまま運用し続ければ3年後には $1.3^3 \times 13000$ 銭になる．3年目に返した12000銭は2年後には $1.3^2 \times 12000$ 銭，4年目に返した11000銭は1年後には 1.2×11000 銭になる．そして5年目に10000銭を返済したところで全部返済できたというわけだから，次の式が成り立つ．左辺は借りた金額の5年後の価値，右辺は返済額の価値の合計である：

$$1.3^5 x = 1.3^4 \times 14000 + 1.3^3 \times 13000 + 1.3^2 \times 12000 \\ + 1.3 \times 11000 + 10000$$

これを計算すると $3.71293 x = 113126.4$ となる．これより

$$x = 30468 \text{ 銭と} \frac{84876}{371293} \text{ 銭}$$

ところで，返済総額は $14000 + 13000 + 12000 + 11000 + 10000 = 60000$ 銭だから利益は 60000 銭 $- 30468$ 銭と $\frac{84876}{371293}$ 銭 $= 29531$ 銭と $\frac{286417}{371293}$ 銭になる．30468銭あまりを借りて5年間で60000銭を払ったわけだから，かなりの金利である．

さて，『九章算術』では上のような計算法ではなく，次のように，過不足算の問題として解いている．

借りたお金を仮に 30000 銭として計算すると，1 年後の元利合計は 30000 × 1.3 = 39000 銭 である．これから 14000 銭返すと残りは 25000 銭である．2 年後には 25000 × 1.3 = 32500 銭 になる．これから 13000 銭返すと残りは 19500 銭である．これが 3 年後には 19500 × 1.3 = 25350 銭 となる．これから 12000 銭返すと，残りは 13350 銭である．これは 4 年後には 13350 × 1.3 = 17355 銭 となる．これから 11000 銭返すと残りは 6355 銭となる．これは 5 年後には 6355 × 1.3 = 8261.5 銭 となるが，最後の返金 10000 銭には 10000 − 8261.5 = 1738.5 銭 不足する．

同様に，借りたお金を 40000 銭として計算すると，今度は逆に 35390.5 銭余ってしまう．以上の結果から次のように計算するのである：

$$35390.8 \times 30000 + 1738.5 \times 40000 = 1131264000$$

$$35390.8 + 1738.5 = 37129.3$$

元金　　$1131264000 \div 37129.3 = 30468$ 銭 と $\dfrac{84876}{371293}$ 銭

利益　　60000(返済金合計) $- 30468$ 銭 と $\dfrac{84876}{371293}$ 銭

$$= 29531 \text{ 銭 と } \dfrac{286417}{371293} \text{ 銭}$$

この計算の原理は次のようになっている．問題は本文で説明した通り $3.71293\, x = 113126.4$ という 1 次方程式に帰着するが，これを次のように解いている．この計算では $x_1 = 30000$, $x_2 = 40000$, $b_1 = 111387.9$, $b_2 = 148517.2$, $d_1 = -1738.5$, $d_2 = 35390.8$ と仮定している．

$$ax = b \quad \cdots\cdots (1)$$

$x = x_1$ とすると　　$ax_1 = b_1 \quad \cdots\cdots (2)$

$x = x_2$ とすると　　$ax_2 = b_2 \quad \cdots\cdots (3)$

$(2) - (1)$　　$a(x_1 - x) = b_1 - b = d_1$

$(3) - (1)$　　$a(x_2 - x) = b_2 - b = d_2$

以上から

$$\frac{x_1 - x}{x_2 - x} = \frac{d_1}{d_2} \quad より \quad x = \frac{d_2 x_1 - d_1 x_2}{d_2 - d_1}$$

この問題では，$d_1 < 0$, $d_2 > 0$ であるから，実際の計算において分母，分子とも差ではなく和になる．

6-4 奈良時代に行われた稲の貸付では利息が5割だった

日本の奈良時代には出挙という制度が広く行われていた．春に稲を貸し付けて秋の収穫後に利稲(利息)を合わせて徴収する制度である．利益は灌漑の費用や国分寺を造営する費用として使われ，国家の重要な財源であった．

20歳から60歳までの男子1人について稲50束を強制的に貸し付けて利息として稲25束を徴収していたから，利率はなんと5割である．しかも，この貸付は春に貸して秋から冬の間に返させたのだから，期間は約8か月である．実質的には年利7割5分という高利になる．

政府とは別に，寺社，貴族，豪族たちも同じようなことをして暴利をむさぼっていた．これを私出挙と呼んでいる．

さて，この出挙の証拠がいくつか発見されている．埼玉県行田市の小敷田の遺跡から発見された，檜の木簡(長さ15.8 cm × 幅3.2 cm)は大宝律令施行(701年)頃のものとみられているが，次のように書かれている：

「九月七日に春借りた五百二十六束，四百三十六束，四百八束の合計千三百七十束，利米合わせて二千五十五束を返す」

借りた稲は $526 + 436 + 408 = 1370$ 束 である．1370束の5割は685束である．借りた1370束にこれを加えると $1370 + 685 = 2055$ 束 になるから，この計算は正確である．

稲1束は穀1斗，米5升となっているが，当時の枡は現在より小さく，現在の枡にすると2升くらいしかなかったようである．1束は10把である．

この頃は，給与はすべて現物支給で，国司のような上級職の場合，日当は稲4把，塩2勺，酒1升くらいであった．下級職でも稲，塩はほとんど変わらず，酒が支給されなかっただけである．

律令制に基づいて実施された班田制では良民男子には2段，女子にはその2/3の1段120歩の区分田が支給され，租税は1段につき1束5把であった．これは収穫のわずか3％程度だったといわれている．

6-5　江戸時代の庶民の金融組織「頼母子講」

鎌倉時代から行われた頼母子講または無尽講といわれる一種の庶民の金融組織があった．加入者が出資したお金の中から，抽選または入札という方法で，順番に金銭を給付する契約である．「たのもし」は「たのもしい」の略で，「たよりになる」という意味である．講というのは，念仏講のように寺社へ参詣や寄付などのために集まる信者の団体を指す言葉であったが，同行者，同業者の寄合いを意味する言葉として使われるようにもなった．

現存する最古の和算書『算用記』（1600年頃出版，著者不詳）という算書に次のような問題がでている：

「10人で頼母子を始めた．毎月一人が100匁ずつ持ち寄る．最初にくじに当たった人は他の9人が出した900匁を借り受ける．その人は翌月から毎月100匁について8匁の利子を添えて9か月間返済する．9か月の利息は72匁になる．この利率はいくらになるか．1から9までの合計45で72匁を割って $72 \div 45 = 1.6$，1分6厘になる」

この頼母子の仕組みは次のようになっている．2回目にくじに当たった人は，自分以外の人の出した908匁（$108 \times 1 + 100 \times 8$）を借りてゆく．翌月からこの人も108匁ずつ8か月返済する．3回目にくじに当たった人は，自分以外の人の出した916匁（$108 \times 2 + 100 \times 7$）を借りてゆく．この人も翌月から108匁ずつ7か月返済する．こうして，最後の人は，9か月後に他の

9人が出した $108×9 = 972$ 匁を受け取って終わることになる．

さて，最初に当たった人の利率の計算は次のように考えればよい．翌月から108匁ずつ返すが，1か月後に出した100匁は2回目に当たった人から1か月借りて返したと考える．2か月後に出した100匁は3回目に当たった人から2か月借りて返したと考える．以下同様にして，9か月後に出した100匁については，最後の人から100匁を9か月借りて返したと考える．このように考えると，最初に当たった人は，100匁を9人から $1+2+3+\cdots+8+9=45$ か月借りたと考えることができる．この間に払った利息が72匁だから，利回りは本に書かれている1分6厘になるというわけである．

6-6　江戸時代初期には貸米の複利計算が行われていた

『算用記』の中に「利息の算」として次のような問題が解かれている：

「米10石を年5割の利で貸すと，10年後には元利合わせて，576石6斗5升3勺になる．また10年後に元利合わせて100石にするには元の米はいくらにしたらよいかという場合は，100石を57.66502で割って，1石7斗3升4合1勺5才とする．

もし，利率が3割なら $(1+0.3)^{10}$ を計算して，これを掛けたり，これで割ったりすればよい」

年5割の単利なら10石に対して年5石の利息だから，10年で利息は50石，元の米と合わせても元利60石である．ところが，これを複利にすると10倍近くにもなる．農民への貸借は収穫から収穫までの1年が普通だが，10年にもわたって貸し米が行われていたというのは驚く．ただ，作者が計算上の興味としてつくったのではないかという考えもある．

年5割の複利で10年後の元利合計は $10×(1+0.5)^{10} = 576.6503906$ になる．米の単位(降順)は　石(こく)，斗(と)，升(しょう)，合(ごう)，勺(しゃく)，才(さい)となっている．

元利合わせて 10 年で 100 石になる元の米を x 石とすると
$$x(1+0.5)^{10} = 100, \qquad x = 100 \div 57.66502 = 1.73415.$$
これらの計算はすべてソロバンを使って行ったのである．室町時代末期には，町人の間ではソロバンが普及していた．

鎌倉時代後半から室町時代にかけて貨幣が流通し，一般の商取引はもちろん，租税も銭納が認められるようになってきていた．しかし，農村では依然として貸し米制度が行われていたようで，その名残がこの問題である．有名な『塵劫記』も初版の寛永 4 年 (1627 年) 版では，貸し銀の問題よりも貸し米の問題の方が多く扱われていた．ところが寛永 20 年版になるとほとんど貸し銀の問題になっている．寛永 20 年版には「よろづ利足の事」として 10 問が扱われているが，貸米の問題は終わりの 2 問だけである．この頃になると完全に貨幣経済になっていたのであろう．つまり，世の中の変化が数学の問題へはっきりと反映されているのである．

「貸し米が 60 石ある．3 年の間貸し，利に利を加える計算にして，初めの年は 3 割，2 年目は 2 割，3 年目は 1 割とすると，3 年間に本利合せていくらになるか」

答えは 102 石 9 斗 6 升となっている．

この問題は複利計算といっても，毎年の利率が下がっている．借りる方にとっては有り難いわけである．1 年目には，60 石へ 1.3 を掛けて 78 石になる．2 年目には，これに 1.2 を掛けて 78 石 × 1.2 = 93 石 6 斗，3 年目には，さらにこれに 1.1 を掛けて 93.6 石 × 1.1 = 102 石 9 斗 6 升 になるというわけである．

「米を貸して，3 年後に本利合せて 137 石 2 斗 8 升を得た．1 年目は 3 割，2 年目は 2 割，3 年目は 1 割とすると，貸した米はいくらか」

この問題の解き方は前問とは逆に，137 石 2 斗 8 升を 1.1 で割り，さらにその商を 1.2 で割り，さらにその商を 1.3 で割ると 80 石になる．

6-7 江戸初期の利息計算では西洋のパーセントに当たる文子が使われた

毛利重能の『割算書』(元和8年, 1622年)の「借銀利足次第」に次のような計算が書かれている：

「1. 1文子というのは, 銀100匁につき1か月に銀1匁ずつの利息のことである.

2. 田舎は月限りに貸さず. 1年何割として貸す. 3割というときは元金に3を掛ければよい. 元利合計をだすには13を掛ければよい」

文子は明らかに西洋のパーセントと同じ発想である. 西洋では現在のような10進法の小数を書いた本が出版されたのは1585年のことで, それ以前は, 詳しい計算はすべて分数で行っていた. 利率も $\frac{8}{25}$ のように分数で表していた. このため, 普通の商人たちにとっては利息の計算, 特に複利計算などになると大変であったはずである. そこで考えられたのがパーセントである. $\frac{8}{25}$ は $\frac{32}{100}$ だから「100について32」と考えるのである.

percent は文字通り「per(〜について)cent(100)」という意味である. 1文子というのは月1％の利率に当たるわけである. 日本では西洋と違って, 古くから小数も使われていたが, 利息の計算では「100についていくら」という計算法がわかりやすかったので, 文子が使われたわけである. 1文子は月1％だから, 年に12％である. この文子による貸借は日銭の入る商人を対象にした金融であることは間違いない.

北条泰時が貞永元年(1232年)に制定した御成敗式目には, 元本額以上の利息をとってはならないという一種の利息制限法がみられる. この頃の利率は5文子から7文子が普通であったようで, 5文子なら年利にして6割だから単利であっても2年で12割になって元本を越えてしまうことになる.

この頃は複利は禁止されていた．

6-8　月ごとの複利計算の問題が扱われている『塵劫記』

　江戸時代を通じて庶民に親しまれた数学書は吉田光由の『塵劫記』（1627年）である．光由は角倉の一族で，彼の祖父は有名な角倉了以の従兄弟で，了以の子の素菴から中国の『算法統宗』（1592年）を与えられ，それを勉強して『塵劫記』を著したという．

　次に掲げた問題は『新編塵劫記』（寛永20年）の「よろづ利足の事」にでているものである．文字という方法は使われていないで，すべて割・分・厘が使われている．

「毎月ごとの複利計算にすると，1貫目は1年でいくらになるか

年1割の場合　　　1貫126匁8分2厘5毛

年2割の場合　　　1貫268匁2分4厘1毛

年3割の場合　　　1貫425匁7分6厘1毛

年4割の場合　　　1貫601匁　　3厘2毛

年5割の場合　　　1貫795匁8分5厘6毛　」

この計算は次のように行われている：

$$(1+0.1/10)^{12} = 1.12682503$$
$$(1+0.2/10)^{12} = 1.268241794$$
$$(1+0.3/10)^{12} = 1.425760887$$
$$(1+0.4/10)^{12} = 1.601032218$$
$$(1+0.5/10)^{12} = 1.795856326$$

　ここで面白いのは，年利率を月利率に換算するとき12ではなく10で割っていることである．計算しやすいように，そうしたのかもしれない．あるいは慣行だったのかもしれない．しかし，複利で計算することが室町時代には禁止されていたのだから，ここにでているような1か月ごとの複利計算が現

実に行われたかどうか疑問である．まして，この頃の金利は最高でも月 1％（1分）程度だったようで，年5割というのは現実味がない．これはあくまでも数学上の問題と思った方がよさそうである．

次に『塵劫記』より少し後の村松茂清の『算俎』（1663年）にでている利息の問題を紹介しよう．この本は『塵劫記』に比べるとかなり系統的な本で，特に円周率の計算を理論的に説明しているのはこの本が最初である（p. 152 参照）．

「1貫6百目の銀がある．1年ごとの複利で，利率を2割半とすると，3年後には元利ともにいくらになるか」

$1.6 \times 1.25^3 = 3.125$ であるから，答えは 3貫125匁

「貸金がある．元金が 10両，15両，20両，25両，30両について利足が月に1分であるとすると1か年でそれぞれ何割になるか」

『塵劫記』においてもそうであったが，この頃の本には「利息」を「利足」と書いている．ここの「分」はお金の単位で，1両は4分である．

月に1分であるから年には12分となり，1両は4分であるから12分は3両となる．元金が10両なら年利率は $3 \div 10 = 0.3$ で3割になる．同様に元金が15両なら $3 \div 15 = 0.2$ で2割，元金が30両なら $3 \div 30 = 0.1$ で1割である．

6-9 元銀と元金が混在している幕末の和算書

さて，幕末から明治初年にわたってよく読まれた和算の教科書である長谷川寛の『算法新書』にもソロバン計算の後の問題として利息の計算が取り上げられている．この本の初版は1830年であるが，私の手元にあるのは明治13年版である．日本の新貨条令がでたのが明治4年（1871年）であるから，これ以後の版では貨幣単位を銀から金（円）に変更しなければならない．し

かし，問題に，銀何匁目というのも一部残されているのは，しばらく併用されていたからであろう．貸米の問題があるのも面白いし，年賦とか頼母子の問題もでている．次にこの本の利息の計算問題をいくつかあげてみよう．

「元銀100目に付き1か月利銀7分5厘にして，8貫600目を7か月貸すとき，この利銀何程と問　　答　利銀451匁5分」

1貫は1000目（匁），銀7分5厘は，0.75匁のことである．したがって，この計算は $0.75 \times \dfrac{8600}{100} \times 7 = 451.5$ となる．

「米50石貸し利米3斗1升2合5勺取る也．是は利金25銭につき元金何程に当ると問　　答　元金40円

術曰　利金25銭へ元米50石を掛け利米3斗1升2合5勺をもって割，元金を得」（1石＝10斗，1円＝100銭）

利米の率は利率にすると $\dfrac{3.125}{500} = 0.00625$ にあたる．25÷元金＝0.00625より 元金＝25÷0.00625＝4000銭＝40円 となる．

「元金976円，3か年借り，年2割5分の利を加え毎年等しく返金して皆済せり．毎年の等返金何程と問　　但し，利に利を加ふ．

答　毎年返金500円づつ

術曰　年利2割5分へ1個を加へ1個2分5厘を置き法とす．1個を置き法を以て割8分を得て初年の法とす．1個を加へ法を以て割1個4分4厘を得て2年の法とす．1個を加え，法を以て割1個9分5厘2毛を得て3年の法とす．次第此の如く年数に従ひ法を求む．元金976円を3年の法1個9分5厘2毛を以て割り毎年の等返金を得る」

この計算法を適用すれば，借りた年数が何年であろうと答は求められる．しかし，どうして，こういう計算法が得られるのかの説明はないのが和算の

6-9 元銀と元金が混在している幕末の和算書

特色である．

　この計算を現代式で書いてみると次のようになる：

$$1 + 0.25 = 1.25, \quad 1 \div 1.25 = 0.8, \quad 0.8 + 1 = 1.8,$$
$$1.8 \div 1.25 = 1.44, \quad 1.44 + 1 = 2.44, \quad 2.44 \div 1.25 = 1.952,$$
$$976 \div 1.952 = 500$$

　この原理を考えてみよう．借りた 976 円は 3 年後には 976×1.25^3 円になる．毎年の返金額を x 円とすると，最初に返した x 円は 2 年後には $1.25^2 x$ 円となる．2 年目に返した x 円は 1 年後には $1.25\, x$ 円となる．最後の 3 回目に x 円を返したとき完了になる．以上から次の方程式が成り立つことになる：

$$976 \times 1.25^3 = 1.25^2\, x + 1.25\, x + x$$

　この式の両辺を 1.25^3 で割って変形していくと次のようになる：

$$976 = x\left(\frac{1}{1.25} + \frac{1}{1.25^2} + \frac{1}{1.25^3}\right)$$
$$= x\left\{\left(\frac{1}{1.25} + 1\right) \times \frac{1}{1.25} + 1\right\} \times \frac{1}{1.25}$$
$$= x\left\{(0.8 + 1) \times \frac{1}{1.25} + 1\right\} \times \frac{1}{1.25}$$
$$= x\left\{1.8 \times \frac{1}{1.25} + 1\right\} \times \frac{1}{1.25}$$
$$= x(1.44 + 1) \times \frac{1}{1.25}$$
$$= x \times 2.44 \times \frac{1}{1.25}$$
$$= x \times 1.952$$
$$x = 976 \div 1.952 = 500$$

　（注）　日本では昭和 29 年（1954 年）に『利息制限法』が制定された．このときの制限利率は，元本 10 万円未満は年 2 割，10 万円以上 100 万円未満は年 1 割 8 分，100 万円以上は年 1 割 5 分となっている．正当な範囲の利息をとることが認められているわけである．この法律は現在でも通用している．

7. 暦の基礎知識と数理

現行の学習指導要領では理科でも暦の問題はほとんど扱わないことになっている．我々の生活と密接な問題なのにどうして扱わないのか疑問である．暦の簡単な数理は，昔は小学校・中学校の算術の問題として扱われていた．現在世界中で使われているグレゴリオ暦の作成には有名なドイツの数学者クラヴィウスが関与しているし，また日本の明治の改暦には数学者の塚本明毅が中心になったといわれている．ここではごく常識的な暦の基礎知識と初等数学の問題としての暦の数理を取り上げてみた．

7-1 暦は暦法といわれて人間生活の規範だった

誰でもよく知っているように，地球上の人間に大きな影響を及ぼしている天体は太陽と月の2つである．太陽が四季という自然のリズムを形成し，農業などはこれに順応して営まれている．太陽の光と熱によって万物が生育し，人間はその恩恵によって生命を維持しているわけである．また月の明かりは古代社会の狩猟生活では不可欠のものであったし，その満ち欠けは潮の干満に影響して漁業者には関心のあることだった．

こういうわけで，古代から人々は太陽や月を神として崇拝し，それらの運行に合わせて生活のリズムを整えてきた．これをまとめたものが暦というものである．暦というのは，今日は何日で何曜日といったことを知るだけのものではなく，昔は暦法といわれて生活にとって不可欠な規範であった．

さて，太陽の運行を基礎とした生活のリズムが太陽暦であり，月の運行を

基礎とした生活のリズムが太陰暦である．太陰とは「陰気ばかりで陽気のないこと」であるが，転じて月の呼称になった．太陽は「陽気ばかりで陰気のないこと」である．陰陽五行説という中国の思想に基づいている．古代社会では暑い日中は避けて涼しい夜になって狩猟が行われたので月明りは大切なものだった．バビロニアとか中国などでは太陰暦が使われていた．つい最近まで使われていたユダヤ暦，ギリシア暦は太陰暦であった．一方，農業が発達したエジプトでは太陽暦が使われていた．

7-2 太陽暦の歴史 — ユリウス暦からグレゴリオ暦へ

月の満ち欠けの周期は朔望月(さくぼうげつ)といわれ，その長さは 29.530589 日（29 日 12 時間 44 分 2 秒 8）である．また，太陽が春分点を通過してから再び春分点を通過するまでの時間を 1 太陽年というが，これが我々が 1 年といっている長さで，365.24219879 日（365 日 5 時間 48 分 45 秒 9）である．暦をつくるとき問題になるのは 1 朔望月や 1 太陽年の端数である．現在の暦の 1 年は 365 日であるから，この差は約 0.2422 日であるが，これは 4 年たてば $0.2422 \times 4 = 0.9688$ 日 で約 1 日になる．そこで 4 年に 1 回の割で 366 日という閏(うるう)年をおいて調節することにしているわけである．閏は潤の書き違えといわれている．

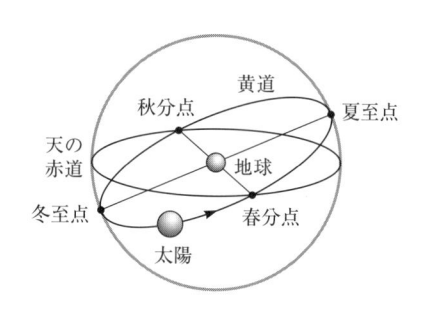

4 年に 1 回閏年をおく太陽暦をローマで採用したのはユリウス・シーザーで，紀元前 46 年のことである．このためこの暦をユリウス暦と呼んでいる．

ところで，4 年に 1 回閏年をおくとすると，4 年間に 365 日が 3 回，366 日が 1 回あるわけだから，平均すると 1 年の長さは $(365 \times 3 + 366) \div 4 =$

365.25 日 になる．ユリウス暦では1太陽年との差は 約 365.25 − 365.2422 = 0.0078 日，1年でわずかに 0.0078 日であるが，100 年たてば 0.78 日，1000 年たてば 7.8 日にもなる．1500 年もたつと 0.0078 × 1500 = 11.7 日にもなってしまう．ユリウス暦は 16 世紀の終り頃までその規則通り使われていたので，この端数は 10 日以上にもなってしまった．キリスト教ではクリスマスとか復活祭とかいろいろな行事があるが，その日が実際の太陽の動き(季節)と 10 日以上もずれてしまうというのは教会の権威にもかかわる重大事であった．そこで当時のローマ法王グレゴリオ 13 世 (1502 〜 1585) は有名なドイツの数学者クラヴィウス (1537 〜 1612) などの進言によって改暦に着手し，1582 年に新しい暦法を制定した．これが現在世界中で使われている暦(グレゴリオ暦)である．

現行の暦では「西暦年数が 4 で割り切れる年を閏年とする．ただし，100 で割り切れる場合，これを 100 で割った商がさらに 4 で割り切れない年は平年とする」と定められている．それでは現行の暦の 400 年間の平均 1 年の長さはどうなるだろうか．

1600 年から 1999 年までの 400 年間を考えてみると，この間に 4 の倍数は 100 ある．そのうち 1600 年は閏年であるが，1700 年，1800 年，1900 年の 3 回は平年になるから，閏年の数は 100 − 3 = 97 回 である．400 年間の平均 1 年の長さは $(365 \times 303 + 366 \times 97) \div 400 = 365.2425$ 日 になる．

7-3 現行暦の問題点 ─ 閏年のおき方

グレゴリオ暦の 1 年と 1 太陽年との差は 365.2425 − 365.2422 = 0.0003 日 だから，$0.0003 \times 24 \times 60 \times 60 = 25.92$ 秒 である．ただ，現在の暦が制定されたのは 1582 年であるから，もう 400 年以上もたっている．現在の暦は太陽の動きと 約 25.92 秒 × 400 = 10368 秒 = 172.8 分 = 2.88 時間 もずれていることになる．現在のように原子時計が発達して 1 秒の数億分の

7-3 現行暦の問題点 — 閏年のおき方

1まで測れるようになると，暦もできるだけ精密なものにしたいという願望もでてくる．3時間ものずれは大きいので，閏年のおき方がいろいろ研究されているわけである．そこで現在の方法よりもっと良い閏年のおき方を考えてみよう．

さて，問題の原点は1太陽年と暦の1年(365日)が約 0.2422 日 違うということである．したがって，$0.2422 \times n$ を計算して整数に近い n をみつければ，もっと良い閏年のおき方がわかるわけである．ところが，それがそう簡単には見つからないのである．

$0.2422 = 0.25 - 0.0078$ だから，$0.2422 = \dfrac{1}{4} - \dfrac{78}{10000} = \dfrac{1}{4} - \dfrac{39}{5000}$ である．$\dfrac{39}{5000} \fallingdotseq \dfrac{40}{5000} = \dfrac{1}{125}$ であるから，4年に1回閏年をおいて，125年間に1回閏年を減らせばよいことになる．$\dfrac{1}{4} - \dfrac{1}{125} = \dfrac{121}{500} \fallingdotseq \dfrac{60}{250} = \dfrac{30}{125}$ だから125年間に30回閏年をおけばよいということにもなる．問題はそういう閏年のわかりやすいおき方をどうしたらよいかということである．もう少し詳しく計算してみよう．

$$\frac{39}{5000} = \frac{1}{\frac{5000}{39}} = \frac{1}{128 + \frac{8}{39}}$$

であるから $0.2422 \fallingdotseq \dfrac{1}{4} - \dfrac{1}{128}$ とすれば，128年間に31回閏年をおくという方法が考えられる．128年間に31回閏年をおくと平均1年の長さはどうなるだろうか．

平年が $128 - 31 = 97$ 回 であるから平均1年の長さは $(365 \times 97 + 366 \times 31) \div 128 = 365.2421875$ 日，1太陽年との差は $0.24219879 - 0.2421875 = 0.00001129$ 日 $= 0.96768$ 秒，1年で約1秒しか違わないことになる．現行の暦よりずっとよいわけであるが，閏年のおき方によい方法がみつからないのである．

ところで，今のギリシアでは 1924 年に改暦が行われたが，ギリシア暦の閏年のおき方は我々の現在の方法とはかなり違っている：

「西暦年数が 4 で割り切れる年は閏年とする．ただし，西暦年数が 100 で割り切れるときは，900 で割って余りが 200 または 700 になる年だけ閏年とし，他は平年とする」

ギリシア暦の 1 年の長さを計算してみよう．900 年間に 100 で割り切れる年は 9 回あるが，このうち 7 回は平年となる．例えば西暦 1600 年から 2499 年までの 900 年間では 1600 年と 2000 年の 2 回が閏年で，1700, 1800, 1900, 2100, 2200, 2300, 2400 年は平年となる．900 年間の閏年の数は $900 \div 4 = 225$ であるが，そのうち 7 回は平年になるから 7 を引いて 218 回，平年の数は $900 - 218 = 682$ 回，よって平均 1 年の長さは

$$(365 \times 682 + 366 \times 218) \div 900 = 365.2422222 \text{ 日}$$

1 太陽年との差は

$$365.2422222 - 365.24219879 = 0.00002343 \text{ 日}$$

であるから，1 年で約 2.02 秒しか違わない．

128 年間に 31 回閏年をおく方法よりやや劣るが，我々の現行暦よりはるかに良いし，閏年のおき方も比較的わかりやすい．

暦の問題は閏年のおき方だけでなく，他にもいろいろある．毎月の日数が違うこと，1 年の同じ日に同じ曜日があたらないことなどもそうである．その他にも，年の初めの 1 月 1 日が暦上で特別な意味をもたない日であることなどもある．$\frac{365}{7} = 52$ 余り 1 であるから 1 年を 52 週として 1 日か 2 日の週外の日をおく案もあった．こうすれば曜日は固定される．年の初めを立春とか冬至にする案もあった．昔は立春正月といって立春が年の初めだった．改暦に熱心な人たちは，いろいろな案を提出しているが，長い間使われたものを改めるのは容易ではない．

7-4 江戸時代に日本人が使っていた暦 ― 太陰太陽暦

　さて，これまで太陽暦のことを問題としてきたが，日本が太陽暦を採用したのは明治になってからのことである．それまでは太陰暦と太陽暦を混用した太陰太陽暦というものが使われていた．その名残が現在の暦にたくさん残されている．太陰太陽暦は新月を月の始めとし，さらに季節の変化に適応できるように太陽の運行を考えて調節された暦である．月の初めを「ついたち（朔日）」という．これは「月立ち」つまり新月が見え始める日ということである．また月の終わりを「みそか」というが，これは「三十日」のことである．十は訓読みでソと読む．和歌のことを三十一文字といったりする．「みそか」は晦日とも書くが，晦日は「つごもり」ともいった．これは「月籠り」，つまり月が隠れるという意味である．12月の「大晦日」は「大つごもり」である．月半ばの15日頃に満月になるので，満月を十五夜月ということがある．三日月（3日目の月）などというのも旧暦の名残である．

　さて，1朔望月は約29.530589日であるから，太陰暦では29日と30日の月を交互において，1月の平均を29.5日になるようにした．この暦では1年は $29.5 \times 12 = 354$ 日 になる．1太陽年と1太陰年とでは1年について約11日 の差ができることになる．この差は3年で約1月以上にもなってしまう．そこで2～3年に1度，1か月30日 の閏月を入れて季節の調節をしなければならなかったわけである．閏年には1年が13か月になるのである．

　太陰暦では暦の上では季節がよくわからないので，太陽年の1年360日を24等分して季節を示す工夫をしている．暦をみると，冬至，小寒，大寒，立春，雨水，啓蟄などという言葉が15日おきぐらいにでてくるが，これを24節気といって農業などに携わる人々が生活の目安にしてきたものである．24節気は21世紀の現在でも年中行事の目安として使われている．

　太陰暦では，閏年は平年より1か月多くなって383日，384日，385日などいろいろあった．困ったことに，閏年を定める方法がはっきり決められて

いなかった．いつ13か月になるか翌年の暦が発売されてからでないと一般の人にはわからなかったのである．

7-5 日本が太陽暦を採用したのは明治6年

明治の新政府ができて明治5年11月9日に突然改暦が決定され，明治5年12月3日を明治6年1月1日にして太陽暦に改めるということになった．この時期は翌年の暦の製造を終わって売り出す準備をするときにあたっていたので頒暦業者（暦を作って売る業者）はびっくりし，一般の人，特に農民たちは戸惑ったようである．

明治政府は早くから改暦の準備をしていたのであるが，急に改暦の決断をしたのは，明治6年が閏年になって1年が13か月になる予定であったため，慌てて施行したらしいのである．なぜかというと，明治政府は役人の給料を月給制にしたため，もし従来の暦だと明治6年には役人の給料を1か月分増やさなくてはならず，財政が逼迫していた政府にとっては大変であったので，改暦して逃れたのだといわれている．もう一つは明治5年に新しい学制が公布されており，旧暦による12か月と13か月による年では国家予算はもちろん学制上でも混乱が生じることを考慮したのであろうといわれている．

さて，政府は改暦の詔書を発布した後，英国の航海暦を訳し，その下欄に太陰暦の日付を対照した太陽暦をつくり，次のような太政官布告を発布した．

1. 今般太陰暦を廃し太陽暦御頒行相成候に付来る12月3日を以て明治6年1月1日と被定候事
1. 1箇年365日12箇月に分ち4年毎に1日の閏を置候事
1. 時刻の儀是迄昼夜長短に随い12時に相分ち候處今後改て時辰儀時刻昼夜平分24時に定め子刻より午刻迄を12時に分ち午前幾時と称し，午刻より子刻迄を12時に分ち午後幾時と称候事

1. 時鐘ノ儀来ル1月1日より右時刻に可致事，但是迄時辰儀時刻を何字と唱来候處以後何時と可称事
1. 諸祭典等旧暦月日を新暦月日に相当し施行可致事

さて，この実施については最初の布告では12月朔日，2日の両日を11月30日，31日とし，12月を省くことになっていたが，すぐに取り消されて，結局は12月は2日間で終わることになった．

また，この布告では閏年のおき方がグレゴリオ暦なのかユリウス暦なのかはっきりしない．明治33年は西暦1900年になるが，もしグレゴリオ暦なら平年になる．そこで，明治31年5月の勅令によって閏年のおき方はグレゴリオ暦によることを明示している．

困ったことは一般の人が太陽暦に関する知識などほとんどもっていなかったことである．昔から無いものの例えば，遊女の誠，玉子の四角と晦日の月であった．それが晦日の月が現実のものとなったのである．だから「三十日に月もいづれば玉子の四角もあるべし」という文句が流行したりした．つまり，一般民衆にとっては旧暦であっても困ることは何もなかったのである．福沢諭吉は『改暦辨』という冊子を著して，太陽暦の優れた点を解説しているが，その中に「改暦を怪しむ人は必ず無学文盲の馬鹿者なり．これを怪しまざる者は必ず平生学問の心掛けある知者なり．されば此度の改暦は日本国中の知者と馬鹿者とを区別する吟味の問題というべきなり」と，極端なことを書いている．

頒暦業者がつくってしまった旧暦は役に立たないから廃棄処分にされたわけであるが，新しい暦の実施まで20日余りしかなかったため，新しい暦の作成で暦問屋は大騒ぎになったことと思う．当時は暦の原本は京都の土御門家が作成して業者へ配付することになっていた．

7-6　太陰暦での閏年のおき方

さて，現在の日本では使われていないが，太陰暦の閏年のおき方について考えてみよう．公式なものではないがイスラム社会では宗教行事が太陰暦で行われているという．

太陰暦では1年354日だから29日と30日の月を交互においてゆく．しかし実際の1年は $29.530589 \times 12 = 354.367068$ 日 で354日との差は 0.367068日 ある．この差は $0.367068 \times 3 = 1.101204$ 日 だから，3年で1日，30年で11日になる．短い周期で考えると閏年355日は3年に1回おけばよいことになる．また，$0.367068 ≒ 0.375 = \frac{3}{8}$ と考えれば，8年に3回の割でおいてもよいわけである．19年に7回おく方法もあり，19年に7回閏年をおくと平均1年の長さは $(354 \times 12 + 355 \times 7) \div 19 = 354.368421$ 日 であり，実際の1太陰年との差は $354.368421 - 354.367068 = 0.001353$ 日 となってかなり正確なものになる．

太陽年の19年と太陰年の19年と7か月の長さを比較してみよう．太陽暦では $365.24219879 \times 19 = 6939.601758$ 日，太陰暦では $12 \times 19 + 7 = 235$ 月 だから $29.530589 \times 235 = 6939.688415$ 日，この差はわずか 0.0866日 である．19年では大体一致することになる．

イスラムでは教祖のムハンマドが西暦622年7月16日にメッカからメディナへ聖遷(ヒジュラ)したときから起算するイスラム暦を使っている．西暦1980年11月9日がイスラム暦の1401年1月1日であった．ラマダンという断食月は9月にあるが，季節と関係ある太陽暦とでは1年に11日ずれるので3年で1か月ずれる．そこでラマダンが真夏になったり真冬になったりすることがある．イランでは宗教的行事には太陰暦を使うが，公用には春分を年始とする太陽暦が使われていて，128年間に31回閏年をおく方法がとられているという．つまり，太陽暦と太陰暦が併用されているわけであ

る．現在の日本でも，旧暦の慣習が残っていて，旧正月だとか旧盆だというのがある．現在の暦の正月は1月だが，旧暦では立春を含む月を正月節と定めることになっていた．

太陰暦で年を数えると太陽暦より1年で11日少なく，33年では約1年違うことになる．イスラムの人の33歳は我々の32歳に当ることになる．

7-7　現在も残っている旧暦の名残の干支

ところで旧暦で我々と関係のあるのは干支(えと)である．今年は丑(うし)年だとか，誰は寅(とら)年生まれだとかいう．干支というのは十干(かん)，十二支(し)を組み合わせて日や年を数える方法で，古代中国で使われたものであるが，日本の暦は奈良時代から中国の暦を参考にしてつくられていたので，それが太陽暦に変わった現在でもまだ残されているのである．

	1	2	3	4	5	6	7	8	9	10	11	12
十干(x)	甲(こう)	乙(おつ)	丙(へい)	丁(てい)	戊(ぼ)	己(き)	庚(こう)	辛(しん)	壬(じん)	癸(き)		
十二支(y)	子(し)(ね)	丑(ちゅう)(うし)	寅(いん)(とら)	卯(ぼう)(う)	辰(しん)(たつ)	巳(し)(み)	午(ご)(うま)	未(び)(ひつじ)	申(しん)(さる)	酉(ゆう)(とり)	戌(じゅう)(いぬ)	亥(がい)(い)
	鼠	牛	虎	兎	龍	蛇	馬	羊	猿	鶏	犬	猪

十干は昔，学校での成績評価に，甲乙丙などと記して使っていたことがあった．現在でも第1表，第2表という代わりに，甲表，乙表などというように順序を示すのに使われることがある．

十二支は月の順序や方位や時刻を表すのに使われた．例えば，子午(しご)線というのは，子は北，午は南の方位だから北極と南極を結ぶ線のことをいうわけである．昔の人は家を建てるときは辰巳(たつみ)の方向に向けて建てるとよいといったが，辰巳は東南の方向のことである．時刻の場合は，正午は午(うま)の刻，つまり現在の12時のことで，その前が午前，後が午後である．

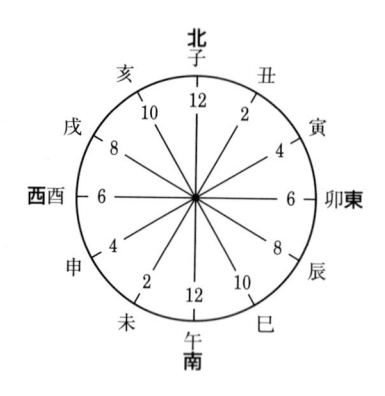

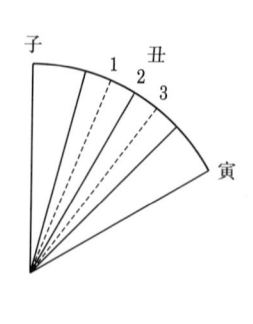

江戸時代には一日12刻制が行われていた．つまり江戸時代の一刻は現在の2時間になる．正午から6刻たつと夜中の正子の刻つまり現在の12時になる．子の刻の次は丑の刻である．丑の刻は現在の時計では午前1時から午前3時までの時間にあたる．一刻は現在の2時間もあるから丑の刻といっても幅がある．そこで，その間の時刻をより詳しく表すために一刻を4等分して一つ，二つ，三つのように表したのである．丑一つは午前1時30分，丑二つは午前2時，これを丑の正刻と呼んだ．丑三つは午前2時30分，丑四つが午前3時である．よく講談などに「草木も眠る丑三つ時」などというのがでてくる．

後になると，この十二支に動物の名前が当てられて現在のような呼び名がつくられたのであって，もともとは動物と無関係なのである．

さて，中国では古くから陰陽五行説といわれる思想があった．中国の文化を取り入れた日本でも大宝令に規定があって陰陽寮がおかれ，陰陽博士によって学生に陰陽道が教授された．平安中期以降になると賀茂，安部の両氏が分掌した．陰陽師として多くの伝説を残している安部晴明は最近では小説や映画の主人公として有名になっている．

陰陽説というのは，天地万物は陰陽2つの気の調和の上に成り立っている

という思想である．気のバランスがくずれると病気になるといった考え方をする．五行説というのは，万物は，木，火，土，金，水という5つの元素からできていて，その消長，結合，循環によってあらゆる現象が生じるという思想である．十干にもこの陰陽五行説が適用されて次のように呼ばれるようになった：

きのえ	きのと	ひのえ	ひのと	つちのえ	つちのと	かのえ	かのと	みずのえ	みずのと
甲	乙	丙	丁	戊	己	庚	辛	壬	癸
陽	陰	陽	陰	陽	陰	陽	陰	陽	陰
木		火		土		金		水	

「えと（干支）」は陰陽のことで，「きのえ」は「木の兄」，「きのと」は「木の弟」の意味である．甲子は「きのえね」と読む．

十干十二支を (1 甲子), (2 乙丑), (3 丙寅), …, (10 癸酉), (11 甲戌), (12 乙亥), (13 丙子), …, (58 辛酉), (59 壬戌), (60 癸亥) のように組み合わせていく．(x, y) の組をつくっていくわけである（p.99 参照）．これを上の番号で甲子なら $(1, 1)$，甲戌なら$(1, 11)$のように表すことにする．10種と12種の組み合わせだから，次のように60通りできる：

1 甲子	11 甲戌	21 甲申	31 甲午	41 甲辰	51 甲寅
2 乙丑	12 乙亥	22 乙酉	32 乙未	42 乙巳	52 乙卯
3 丙寅	13 丙子	23 丙戌	33 丙申	43 丙午	53 丙辰
4 丁卯	14 丁丑	24 丁亥	34 丁酉	44 丁未	54 丁巳
5 戊辰	15 戊寅	25 戊子	35 戊戌	45 戊申	55 戊午
6 己巳	16 己卯	26 己丑	36 己亥	46 己酉	56 己未
7 庚午	17 庚辰	27 庚寅	37 庚子	47 庚戌	57 庚申
8 辛未	18 辛巳	28 辛卯	38 辛丑	48 辛亥	58 辛酉
9 壬申	19 壬午	29 壬辰	39 壬寅	49 壬子	59 壬戌
10 癸酉	20 癸未	30 癸巳	40 癸卯	50 癸丑	60 癸亥

「甲子」の年は61年目に戻ってくる．暦が元へ帰るという意味で還暦という．甲子園球場といえば高校野球で有名だが，この球場は1924年（大正13年）につくられた．ちょうどこの年が甲子にあたるので，このように名付けられたのである．

7-8 西暦年数から干支を求める方法

1924年を $(1,1)$ と記憶しておけば，他の年の干支は次のように計算できる．例えば，1930年は6年後だから $(1+6, 1+6) = (7,7)$，したがって庚午の年になる．1935年は11年後だから $(1+11, 1+11) = (12,12)$，最初の12は $10+2$ だから2番目の乙，したがって1935年は乙亥の年となる．2001年の干支は，$2001 - 1924 = 77$ より

$$(1+77, 1+77) = (78, 78) = (10 \times 7 + 8, 12 \times 6 + 6)$$

だから $(8, 6)$ である．8番目は辛，6番目は巳だから辛巳の年ということになる．十干と十二支の表をみればわかる．

60干支の表があるときはもっと簡単な方法がある．それは西暦年数から3を引いた数を60で割ったときの余り（1～59）を求めると，それが前頁で示した番号の干支になるのである．1930年なら $(1930-3) \div 60 = 32$ 余り7だから上の表より7番目の庚午の年とわかる．また2001年なら $(2001-3) \div 60 = 33$ 余り18 だから18番目の辛巳とわかる．

この計算の原理は，1924年が番号1だから，1924を60で割ったとき余りが1になるようにすればよいわけである．$1924 \div 60 = 32$ 余り4 だから，この余りを1にするには最初に1924から3を引いておけばよいというわけである．2000年なら $(2000-3) \div 60 = 33$ 余り17 だから17番目の庚辰の年ということになる．2004年なら $(2004-3) \div 60 = 33$ 余り21 だから甲申である．表さえあればこの方が簡単である．

干支の読み方は音読み，訓読みどちらでもよい．庚辰は音読みするとコウ

7-8 西暦年数から干支を求める方法

シン,訓読みするとカノエタツとなる.必要のとき辞書で調べればよい.

歴史上の事件でその年の干支で呼ばれているものが沢山ある.1868年は明治元年だが,この年に幕府と薩長軍との間に戦争があった.1868年の干支を求めると,$(1868-3) \div 60 = 31$ 余り 5 だから5番目の戊辰となり,これはボシンと読む.この戦争は戊辰の年に起こったので,歴史の教科書などには戊辰戦争と書かれている.

672年の干支は $(672-3) \div 60 = 11$ 余り 9 だから,9番目の壬申で,これはジンシンと読む.この年に天智天皇の弟の大海人皇子(後の天武天皇)が天皇の子大友皇子(弘文天皇)を倒した内乱があった.これを日本史では壬申の乱と呼んでいる.また,1911年の干支は $(1911-3) \div 60 = 31$ 余り 48 だから,48番目の辛亥であり,これはシンガイと読む.この年は中国で孫文という人が清朝の政策に反対して革命運動を起こした年である.それでこの革命運動を世界史の本には辛亥革命と書かれている.

最近では十干はほとんど使われないで十二支の方だけ使われている.誰は何年生まれなので辛抱強いなどというような迷信が雑誌の占いなどに書かれている.十二支の支は"区分する"という意味で,中国の殷代(紀元前11世紀頃)には1年12か月を数えるための符号であった.子は赤ん坊を描いた象形文字で動物の鼠とは関係なかった.午は,上下に動くきねを描いた象形文字で杵の原字と書かれている.上下に行き交う意味から,交差する,さからう,の意味にもなるという.そこで,十二支の前半と後半との交点となる7番目にあてられたと辞書に説明されている.中国が戦国時代(紀元前403〜221)になって中国文化を周辺の未開民族に伝えるにあたり,記憶に便利なように,十二支についてはそれぞれの月に多少縁のある動物名を借りてつくったようである.現在では,その動物名の方が主流になってしまった.

第II部

図形編

1. 嫌われたユークリッド幾何

1-1 ユークリッド『原論』はどのようにして創られたか

　ギリシアのユークリッド『原論』は2000年以上も前に創られたものだが，ギリシア人はどうして『原論』のような難しい論証数学を考えだしたのであろうか．『原論』にでてくる幾何学の証明などいくら勉強しても生活上には何の役にも立たないのに，ギリシア人は何の目的でああいう数学の研究をしたのであろうか．

　古代文明の発祥地である中国でも漢代にはかなり整備された数学書『九章算術』がつくられている．この本は中国のユークリッドといわれるものだが，内容はユークリッドとは全く違って，中央集権国家の担い手である官僚に必要な実用数学をまとめたものなのである．例えば，巻第1は「方田（ほうでん）」となっていて，次のような田畑の面積の計算法などが扱われている：

　　第1問　いまここに方田がある．横が15歩，縦が16歩である．この田の面積はいくらか．答えにいう，1畝（ほ，日本では，せ）

　　第2問　また方田がある．横が12歩，縦が14歩である．この田の面積はいくらか．　答えにいう，168歩

　　　方田の術にいう．横と縦の歩数を掛け合わせて積の歩数を得る．これを畝の法240歩で割れば，すなわち畝の数が得られる．100畝を1頃（けい）とする．

　記述の形式はこのようなものである．あくまでも実用を目的とした計算技術なのである．この計算の過程で必要に応じて分数の計算法などが説明され

1-1 ユークリッド『原論』はどのようにして創られたか

ている．『九章算術』には定義も公理も証明もないのである．

こういう傾向は文明の発祥地である古代エジプトやメソポタミアの数学も同じであって，ギリシアの『原論』だけが例外なのである．世界にも類をみない『原論』は一体どのようにして創られたのであろうか．

『原論』の特色は厳密な論証（証明）の体系である．論証は英語では demonstration であるが，この語源はラテン語で「完全に示す」ということである．デモンストレーションというとプラカードをもって街を練り歩くデモ行進（示威運動）を連想するが，プラカードによって行進に参加している人たちの主義主張が公開的に明示されている．デモンストレーションの本来の意味は「公開的に示す」ということなのである．

古代ギリシアではペルシア戦争（前 500 〜 前 449）の後，勝利に貢献した市民階級が台頭し，ペリクレス（前 495 〜 前 429）の指導の下にアテネなどで民主政治が確立した．ただ，アテネでの民主政治は奴隷制度の上に成り立ったものであった．アテネの市民たちは日常の仕事などは奴隷にまかせて，暇さえあれば広場（アゴラ，agora）に集まって，政治その他の問題について議論をしていたようである．

民主政治では討論が行われ，討論では弁論に優れたものが有利になる．アテネでは弁論に優れていることは，公職に就くためにも，裁判に勝つためにも必要だったという．だから，この弁論術を教えるソフィスト（sophist，ギリシア語で知者の意）といわれる職業人まで誕生した．「人間は万物の尺度である」という有名な言葉を残したプロタゴラス（Protagoras，前 500 頃 〜 前 430 頃）もソフィストの一人であった．

議論では相互の共通理解事項が前提となる．フランスのデカルト（R. Descartes，1596 〜 1650）は学生時代，友人が議論を始めると，2 人が使っている用語の意味を質問して定義を確定し，次に議論で用いられると思われる根本命題を取り上げて，それを 2 人が認めるかどうかを確かめさせたという．すると，正しく推論していく限り 2 人が反対できないような結論に到達し

て，議論が決着したというのである．また，フランスのパスカルは説得術という論文の中で，「論証を説得的なものにするには幾何学の方法以上のものはない．同等の精神力をもち，同様の条件の下にある者の間では，幾何学を心得ている者が勝つ」と述べている．

幾何学の前提となるものが，"公理"とか"公準"である．公理は英語でaxiomであるが，これは本来，数学者が「理論の前提として要請するもの」であり，簡単にいえばcommon opinion（共通意見）なのである．

さて，アテネの民主政治もスパルタとの間のペロポンネソス戦争（前431～前404）が行われる頃になると次第に衆愚政治に変わっていった．ソクラテス（Sokrates，前469頃～前399）はアテネがスパルタに敗北後，街頭で多くの青年と対話（dialogue，ギリシア語で会話の意）をしたが，これらが弁証法の起源になったといわれている．ソクラテスの説は，他のソフィスト（詭弁家）たちと同様に市民から誤解され，前399年には「ソクラテスは青年たちを堕落させ，かつ国家が認める神々を認めずして，別に新しいダイモニオンを信ずるかどにより，不正の行為あり」として告発された．裁判は501名の裁判官による投票で決せられたが，告発状に対してソクラテスはいちいち反論し，自分が正しいことを主張する様子が弟子のプラトンの『ソクラテスの弁明』で次のように描かれている：

> ソクラテス：「世界には人間にかかわることがらの存在を認めはするが，しかし人間の存在を認めないような者はいない．馬の存在は認めないが馬にかかわりのあることの存在を認めるような者はいない．ダイモン（神霊，神の御霊）にかかわりのあることがらダイモニア（神霊的事物）は，その存在を認めるけれど，ダイモンの存在は認めないような者がいるかね」

告発者：「いない」

ソクラテス：「ところで君は告発状で，私がダイモニアを信じ，それを人

1-1 ユークリッド『原論』はどのようにして創られたか

に教えているといっている．君の言葉をかりれば，私はダイモニアを認めているわけであって，そうだとすれば，ダイモンを認めているのは理の当然というべきではないか．……ところで，我々はダイモンを神々もしくは神々の子と考えているのではないか」

告発者：「確かにその通りだ」

ソクラテス：「すると，いやしくも私がダイモンたちを認めている以上 ―君はそう主張しているのだ― ダイモンがある神々であるとするならば，私は神々を信じていないということなのだが，少なくともダイモンたちを信じていることによって，今度は逆に神々を信じていると主張することになるであろう」

　（注）ここにでてくるダイモン（daimon）はギリシア語で神々の一人である．ダイモンと関係する不思議な力をダイモニオン（daimonion）という言葉で表したらしく，ソクラテスはダイモニオンを，自分が道に外れようとするとき，内部からそれを抑止する命令を発してくれる守護神と考えていたようである．また，外部から個人を支配する運命の意味に使われたり，人間の内部に潜む不気味な力とも考えられたりした．キリスト教時代になるとダイモンはデーモン（demon）となって，悪霊，悪魔として説明されるようになった．

こうしてソクラテスは，相手の主張からそれと矛盾する結論を導くという論法によって，告発者の誤りを証明しようとした．これは数学の論証でもよく使われる方法である．

弁証法（本来は対話術の意味）はパルメニデス（Parmenides, 前515頃～）を祖とするエレア学派に始まるといわれている．エレア学派は討論において"背理法"という間接証明法を使った．Aが成立しないことを証明するのに，もしAが成立するとするならば，矛盾が生ずる事実を挙げて，間接的にAが成り立たないことを推理する方法である．このようにギリシアにおける論証数学は，対話・討論がその素地になって形成されたのである．

対話・討論は民主主義の下に発達する．君主の下での専制政治の行われている国では発達しない．そう考えると，論証数学のようなものが，エジプト，メソポタミア，中国で発達しなかったことが理解できそうである．

　哲学の研究で数学の大切さを強調したのはソクラテスの弟子のプラトン（紀元前 427～347）である．ソクラテスが死刑になったのはプラトンが 28 歳のときであった．この裁判を傍聴したプラトンは『ソクラテスの弁明』という本でこの裁判のいきさつを克明に報告している．先に述べたように，この頃，プラトンの住んでいたアテネはスパルタとの戦争に負けて民主政治が危機に陥っていたときであったが，ソクラテスのような立派な人が市民の多数決で死刑になったのである．アテネでの民主政治は有名であるが，一人一人の市民の知性と判断力が低ければ，多数決も決して正しいとは限らない．これは現在でもいえることである．そこでプラトンは"哲学者が政治をするか，政治家が哲学者になるしか国家を救う道はない"と考えたのである．政治と哲学が一体とならなければ良い政治はできないというのである．こういう観点からプラトンは哲学を研究し，青年の教育に専念することを決意したのである．

　プラトンは哲学を学ぶにはまず幾何学を学ぶのがよいと考えて幾何学の勉強をすすめた人である．その理由は，数論や幾何学の勉強が人間の知性を目覚めさせ精神を真理へ向かわせるのに役立つと考えたからなのである．彼の考えている数学は日常の金勘定のための計算とか，土地の面積の測量とかいうものとは違い，簡単にいえば精神を鍛えるためのものなのである．プラトンは幾何学を学んだことがあるかないかによって，学問の理解力がまるで違ってくると述べている．こういう哲学者たちの考えが論証数学を発達させるのに貢献したのである．ヨーロッパの大学で長い間幾何学が一般教養科目として重視されたのは，ギリシアの哲学者たちのこうした考え方が根底になっているのである．

1-2 ユークリッド幾何を笑った哲学者たち

プラトンは幾何学を重視したが，同じギリシアの哲学者でもエピクロス（紀元前341〜270）学派の人たちは幾何学を軽視した．この学派は物を重視する唯物論の考えのもとに，永続的に快いこと，心を楽しくすることを生きることの目的として，精神的快楽主義を説いた．万人が知り覚えることができるものこそが知識の基礎であると考え，すべての推理や判断は知覚から出発すると考えたのである．プラトンと違い，頭の中だけの抽象的な考えなどは軽視した．だから，幾何学でいう大きさのない点とか幅のない線などという，目で見ることのできないものの存在を認めるわけはなかったのである．

エピクロス学徒たちは『原論』1巻 命題20の「三角形の2辺の和は第3辺より大きい」を，ロバでさえわかっていることで，証明の必要はないといって嘲笑したというのである．

『原論』の命題20の証明は現代の記号で書くと次のようになる．

△ABCの辺BAをDまで延長し，AC＝ADとなるようにDをとり，DCを結ぶ．AD＝ACであるから，命題5：「二等辺三角形の底角は等しい」により

$$\angle ADC = \angle ACD$$

である．ゆえに，∠BCD＞∠ADCである．△DBCは∠BCD＞∠BDCである三角形である．命題19により「大きい角には大きい辺が対する」から，DB＞BCすなわち，BA＋AD＞BCである．ところが，AD＝ACである．ゆえに，AB＋AC＞BCである．

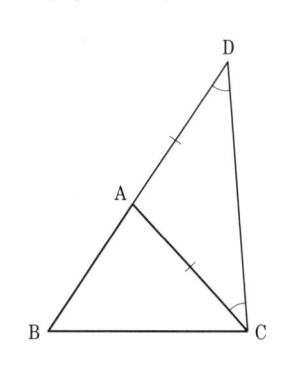

話は変るが，日本でも明治時代には幾何学はユークリッドの『原論』に近

い形で教えられていた．文学者で，知識人の代表であった菊地 寛(1888～1948, 文芸春秋社の創立者)は昭和11年12月の東京文理科大学新聞の「何を教うべきか」という論説の中で次のように述べている：

「私は一生振り返ってみて中学校で教わった学課の内，数学だけは何の役にも立っていない．殊に代数や幾何は一度も役に立ったことがない．道を歩くとき，三角形の二辺の和は他の一辺より大であるという定理が少し役に立った程度である．代数なんか全部忘れた．しかし，忘れたために不便を感じたことはない．どうしてあんなもののために時間を費やしたのかと思う．代数や幾何で数理的観念を養うためという建て前であるかもしれないが，そういうことは単なる理屈であって，算術で養われる数理観念で沢山なのだ」

ロバでも知っているようなことだけが少し役に立っていると皮肉をいっているような気がしないでもない．

ユークリッド幾何が実用にはほとんど役立たないという有名な逸話がある．ユークリッドがアレクサンドリアで講義しているとき，学生の一人が立ち上がって，「そんなことを勉強して一体何の役に立つのか」と質問した．ユークリッドはその質問には答えないでそばの奴隷に「あの青年にいくらかお金をやって教室から出て行ってもらえ」といったというのである．自分の講義している幾何学が，お前の役に立つかどうか俺の知ったことではない，ということなのだろう．

1-3 ユークリッドに悩まされた中世の学生たち

『原論』は数学というよりも学問の典型として，また論理的思考力の育成のために，長い間西欧世界で学ばれてきた．数学は英語で Mathematics であるが，この言葉の本来的意味は数や図形の学問という狭いものではなく学問一般を指すものなのである．"定義，公理，命題，証明"という『原論』の形式は学問の典型のように思われたので，学問を志すすべての人に必

要なものとして教えられたのである.

中世ヨーロッパの大学では神学が最高の学問であった.哲学でさえ「神学の婢(しもべ)」と呼ばれていた.しかし,伝統を重んじる大学では,ギリシア以来の慣習で神学を学ぶための基礎として「文法・修辞学・弁証法(論理学)・算術・幾何学・天文学・音楽」の七学科がリベラル・アーツとして学ばれていた.その上に,自然学,倫理学と続き,最後に神学を学ぶわけである.パリ大学は神学でも有名であるが,ここでも1336年以降は幾何学の講義を聴かないと学位がとれないという規程になっている.

13世紀のイギリスの哲学者ロージャー・ベイコン(1214〜1294)は「オックスフォードでは,学生の中でユークリッド『原論』の最初の第3,第4命題より先に進んだものは稀だった.命題5があまりにも難しかったので,そこで学生たちが勉強をあきらめて逃げ出した」と述べている.

難しいという第5命題は「二等辺三角形の2つの底角は等しい.等しい辺を延長してできる底辺の下の2つの角も互いに等しい」というものである.中学の教科書にもでてくるものだが,命題1〜4に比べるとその証明は実に面倒なのである.

では,第5命題のユークリッドの証明の概要を書いてみよう.

右の図で,AB = AC ならば

∠ABC = ∠ACB,∠CBD = ∠BCE

となることの証明である.BD上に任意の点Fをとる.次にAE上に AF = AG となる点Gをとる.これは命題3(p.130参照)によって可能である.

△AFC, △AGB において,AF = AG,AC = AB,∠FAG は共通,ゆえに命題4(2辺と挟角の合同定理,p.132参照)により △AFC ≡ △AGB,ゆえに

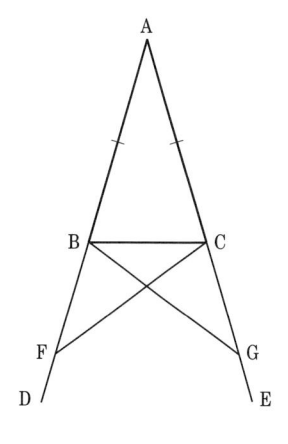

∠ACF ＝ ∠ABG，∠AFC ＝ ∠AGB，FC ＝ GB となる．

また，AF ＝ AG，AB ＝ AC だから，公理 3：「等しいものから等しいものを引けば，その残りは等しい」によって AF － AB ＝ AG － AC，ゆえに BF ＝ CG．

次に，△BFC，△CGB において BF ＝ CG，FC ＝ GB，∠BFC ＝ ∠CGB，ゆえに命題 4 から △BFC ≡ △CGB，ゆえに ∠FBC ＝ ∠GCB，∠BCF ＝ ∠CBG．∠ABG ＝ ∠ACF であったから，公理 3 によって，この両辺から ∠CBG ＝ ∠BCF を引くと ∠ABC ＝ ∠ACB．

このように一つ一つの主張には，それがどの公理や公準によったか，すでに証明されたどの命題によったかが明示される．命題 5 の証明には早くも命題 4 が使われている．

さて，命題 5 は学生たちの間でロバの橋と呼ばれていたという．この命題の証明が難しく，馬鹿者では理解できない，馬鹿者では渡れそうもない橋という意味からである．ロバというのは，もともとは体質が強健で，疾病に対する抵抗力も強く体格の割りには持久力もある動物であるが，ヨーロッパの気候に適応できなかったため，「あらゆる点で退化して，愚鈍，無気力の象徴」のように扱われるようになったようである．

命題 5 の逆は命題 6 の「二角が等しい三角形は二等辺三角形である」という命題である．この証明は次のようになされている．

∠ABC ＝ ∠ACB ならば AB ＝ AC であることを証明する．

もし，AB と AC が等しくないとすると，どちらかが大きいわけだから，いま AB ＞ AC としてみる．DB ＝ AC となるように AB 上に点 D をとる．DB ＝ AC，BC ＝ CB，∠DBC ＝ ∠ACB，ゆえに命題 4 により，△DBC ≡

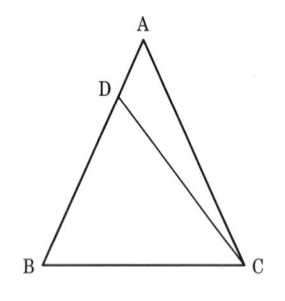

△ACB, DC = AB. ところが図からわかるように, △DBC は △ABC の一部分である. これは「部分は全体より小さい」という公理に矛盾するので不合理である. それゆえに AB > AC という仮定は正しくない. AC > AB と仮定しても矛盾が生じる. ゆえに, AB と AC は等しい.

多分, 大部分の学生は命題 5 の途中でいやになっただろうと思う. 命題 5 の証明は命題 1 〜 4 に比べると複雑であって, 初学者には理解が困難であったことは間違いない. 第一, この命題へたどりつくまでに定義, 公理, 公準などの説明でうんざりしていたことであろう. 学生たちが命題 5 のところで学習から逃げだしたということは想像できないでもない.

『原論』第 1 巻の最後の命題がピタゴラスの定理になっている. ここまで学んだ学生は稀だったらしく, ピタゴラスの定理には「数学の先生」というあだ名がつけられていたという.

さて, 1570 年ころ, オックスフォードのマートン・カレッジの校長だったサー・ヘンリー・サヴィル(H. Savile, 1549 〜 1622) は熱心に『原論』の講義をしたが, 学生たちが余りにも無関心なので, 第 1 巻の命題 8 まで進んだところで投げだしてしまったという. 命題 8 は「2 つの三角形において, 2 つの辺がそれぞれ 2 つの辺に等しく, 底辺が底辺に等しければ相等しい辺に対する角は等しい」という命題で, 現在の三角形の"三辺の合同定理"である.

サヴィルは「イギリスでは, 幾何学がほとんど全く放棄され, 忘れられている」と嘆いて教授職を退いた. 彼は教授職を退くとき, オックスフォードに幾何学と天文学の 2 つの講座を設けるために, 各講座に 150 ポンドずつの基金を寄付した. 以後, オックスフォードの幾何学教授はサヴィル教授職と呼ばれた. 有名なジョン・ウォリス(1616 〜 1703) も 1649 年にサヴィル講座を担当する教授に就任している.

中世の大学でのユークリッド幾何学の講義はラテン語訳を使って行われた．ユークリッドの完全英訳本は1570年になってからヘンリー・ビリングスレー（H. Billingsley）によって行われたという．彼は1591年にロンドン市長になった人であるが数学者ではない．このため，実翻訳は序言を書いている数学者のジョン・ディー（John Dee, 1527～1608）によってなされたものと思われる．幾何学を意味する Geometry という英語はこの本で最初に使われたのである．それまでは，Elements が普通の呼び名であった．

その後のイギリスでは，ユークリッド幾何学に対する評価は数学者の間でもまちまちで，シルヴェスター（J. J. Sylvester, 1814～1897）などは，「私はユークリッドが敬遠されて，学生の手の届かぬような高い棚の上にあげられるか，あるいは測ることのできない深い海の底へ沈められるのをみたら，どんなに嬉しいかと思う」といっている．

ユークリッド幾何学は学校教育のために多少は改良を加えられたのであるが，19世紀までは伝統のある学校では『原論』の原型に近いかたちで教えられていた．明治時代における日本の幾何学教育の指導者だった菊池大麓はイギリスへ留学してこういう教育を受けてきたのである．彼の書いた『初等幾何学教科書』（明治21年）は多くの中等学校の教科書として採用されたが，この本は，英国幾何学教授法改良協会（1871年，明治4年に設立）の編纂した幾何学書を参考にして書かれたもので，かなりの工夫改良がなされている．

この本の緒論に次のようなことが書かれている（字句は多少改めた）：
「幾何学に於て，我々は我々の経験によりて，真なりと認めたる若干の事項を基礎とし，それより唯推理によりて以て他の真理を得るなり．故に此学科は唯其の論ずる事項の緊要なるのみならず，又推理法の最も良き練習となる．然れば幾何学を修むるには少しく論理学の言語及び関係を知ること甚だ便利なりとす」

この後，"命題，定義，公理，仮説，終結，対偶，逆，転換法，同一法（後の2つは証明の方法である），作図題"などの用語の説明がなされている．第1編「直線」の最初の定義などは『原論』とほとんど変わらないもので，次のように書かれている．

　定義1　点は位置有りて，大きさ無きものなり．

　定義2　線は位置有り，又長さ有り，然れども幅も，厚さも無きものなり．線の端は点なり．又二つの線の交わりは点なり．

公理は普通公理と次の幾何学公理にわけられている：

　公理1　図形は其の大きさ及び形を変ずること無く其の位置を変ずることを得

　公理2　全く相合せしむる(重なり合わす)を得るものの大きさは相等し

　公理3　二つの点を通り一つの直線を引くを得，而して唯一つの直線に限る

　此の公理よりして直ちに下の二件を断定するを得

　(イ)　一つの直線を他の一つの直線の上に重ねて，其上の任意の点を他の上の任意の点の上に落ちる様に為すことを得

　(ロ)　一つの点に於いて出会う所の二つの直線は全く相合するに非ざれば，再び出会う能わず

改良が加えられたといっても『原論』の形式は守られている．菊池は幾何学ではみだりに代数で使うような記号を使うべきではないという考えであったので，AB＝AC のことを「AB は AC に等しい」と書いて等号＝は使わなかった．もちろん角や平行の記号も合同や相似の記号も一切使っていない．すべて言葉で書き表したのである．このような教科書で教わった生徒の多くは恐らく理解が困難だったに違いない．

20世紀初めにイギリスのペリー(John Perry, 1850～1920)などによっ

て数学教育の改良運動が起こってから，幾何教育の内容にも次第に改良が加えられて，昭和になってからは，ユークリッド幾何学は全く一新されて原型をとどめないものに変わってしまった．

1-4 初等幾何学に魅せられた人たち

　幾何学は知的探求心の旺盛な少年たちには極めて魅力的な学問だった．日本で最初にノーベル物理学賞を受賞した湯川秀樹は中学時代の思い出を次のように語っている（『旅人 ― ある物理学者の回想』角川文庫）：

　「ユークリッド幾何を習い始めると，直ぐその魅力の虜になった．数学，ことにユークリッド幾何の持つ明晰さと単純さ，透徹した論理 ― そんなものが私を引き付けたのであろう．

　しかし何よりも私を喜ばしたのは，難しそうな問題が，自分一人の力で解けるということであった．幾何学によって，私は考えることの喜びを教えられたのである．何時間かかっても解けないような問題に出会うと，ファイトがわいてくる．夢中になる．夕食に呼ばれても，母の声は耳に入らない．苦心惨憺(きんたん)の後に，問題を解くヒントが分かったときの喜びは，私に生きがいを感じさせた」

　数学界のノーベル賞といわれるフィールズ賞や文化勲章を受賞した広中平祐は高等学校時代，「△ABC の ∠B，∠C の二等分線を引いたとき，その長さが等しければ，つまり BD = CE ならば，もとの △ABC は AB = AC の二等辺三角形である」という問題が解けないで，ほかのすべての勉強をやめて，2 週間この問題だけに没頭したという．食事のときもトイレの中でも，この問題を解くことばかり考え続け，考えながら歩いていて電信柱に頭をぶつ

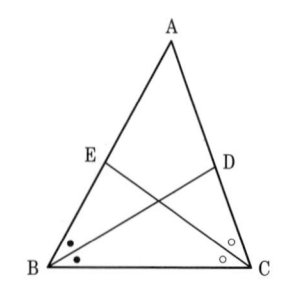

けて友達に笑われたこともあったという．彼も幾何学の虜になった一人だったわけである（『学問の発見』佼成出版社，平成4年）．

最近は難しい問題に会うとすぐに投げ出してしまう生徒が多くなってきたのは残念である．困難に立ち向かう精神がなくなったのだろうか．

それでは，高校生時代の広中さんを悩ました問題を考えてみよう．この問題は初等幾何学の問題としてはかなりの難問といえるのである．というのは，この証明には，いくつかの定理が必要となり，そういう基礎ができていないものにとっては全く見通しがつかないからである．

BDの延長が△ABCの外接円と交わる点をFとする．FA, FCを引く．同じ弧ABに対する円周角は等しいから∠ACB = ∠AFBである．△BCDと△BFAは∠BCD = ∠BFA, ∠CBD = ∠FBAだから2角が等しいので相似である．BC : BF = BD : BA, これより

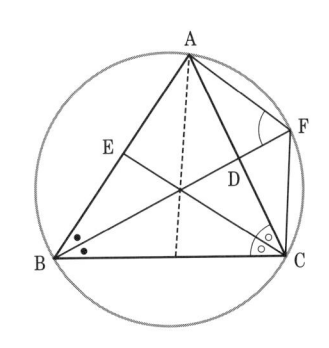

$$BC \cdot BA = BF \cdot BD = BD(BD + DF) = BD^2 + BD \cdot DF \quad \cdots\cdots (1)$$

次に，△DFAと△DCBは∠DFA = ∠DCB, ∠ADF = ∠BDCだから，2角が等しいので相似である．ゆえに DF : DC = DA : DB より BD·DF = AD·CD である．この関係を(1)に代入すると

$$BD^2 = BA \cdot BC - AD \cdot CD \quad \cdots\cdots (2)$$

同様にして，

$$CE^2 = CA \cdot CB - AE \cdot BE \quad \cdots\cdots (3)$$

仮定により BD = CE であるから，(2), (3) より

$$BA \cdot BC - AD \cdot CD = CA \cdot CB - AE \cdot BE \quad \cdots\cdots (4)$$

ところで，△ABCで∠Aの二等分線ADを引くと AB : AC = BD :

DC が成り立つ(下の図).

この定理を(前頁図の)△BCA に適用すると,BD は∠B の二等分線だから,CD：DA ＝ BC：AB,
$$DA \cdot BC = CD \cdot AB = CD(BE + EA) \quad \cdots\cdots (5)$$

また,△ACB に適用すると,CE は∠C の二等分線だから,BE：EA ＝ BC：CA,
$$BC \cdot EA = BE \cdot CA$$
$$\qquad\qquad = BE(CD + DA) \quad \cdots\cdots (6)$$

(4) で BA ＝ BE ＋ EA,CA ＝ CD ＋ DA とすると,
$$(BE + EA) \cdot BC - AD \cdot CD$$
$$= (CD + DA) \cdot BC - AE \cdot BE$$

括弧を外して展開すると
$$BC \cdot BE + BC \cdot EA - AD \cdot CD$$
$$= BC \cdot CD + BC \cdot DA - AE \cdot BE$$

BC・EA,BC・DA に (5),(6) の関係を代入すると

$$BC \cdot BE + BE(CD + DA) - AD \cdot CD$$
$$= BC \cdot CD + CD(BE + AE) - AE \cdot BE,$$
$$BC \cdot BE + BE \cdot CD + BE \cdot DA - AD \cdot CD$$
$$= BC \cdot CD + CD \cdot BE + CD \cdot AE - AE \cdot BE$$

これから BE(BC ＋ DA ＋ AE) ＝ CD(BC ＋ AD ＋ EA) となり,これより

$$BE = CD \quad \cdots\cdots (7)$$

が得られる.

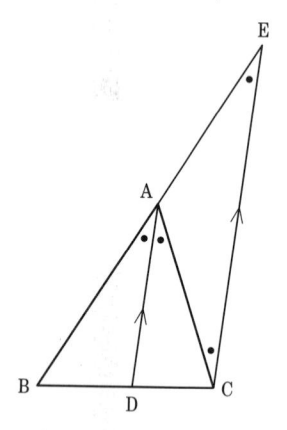

DA ∥ CE とすると △ACE は二等辺三角形であり,
AC ＝ AE,
BA：AE ＝ BD：DC,
BA：AC ＝ BD：DC

次に,(5)÷(6) をつくると

$$\frac{DA}{EA} = \frac{BE + EA}{CD + DA} \quad \text{より} \quad \frac{DA}{EA} = \frac{CD + EA}{CD + DA}$$

さて，ここで，$\dfrac{a}{b} = \dfrac{c}{d} = \dfrac{a+c}{b+d}$ という関係を使うと次のようになる：

$$\frac{DA}{EA} = \frac{CD + EA}{CD + DA} = \frac{CD + EA + DA}{CD + DA + EA} = 1$$

これより，

$$EA = DA \quad \cdots\cdots (8)$$

(7), (8) より $BE + EA = CD + DA$, ゆえに $AB = AC$ である．

もっとうまい証明法があるかもしれない．三角関数を使えば簡単にできるだろうが，それではユークリッド幾何ではなくなってしまう．

こういう難問ばかりに当っていると，苦痛だけを友としているように思えるが，もしそれだけなら誰もやり続けることはできないであろう．しかし，苦心の末，問題が解けたときの爽快感，満足感は問題をやったものでなければ味わうことはできない．爽快感，満足感が得られるから難問に向かうことができるのだ，と広中さんは書いている．広中さんはこういう難問に向かうには，最後までやり抜く粘り強さが必要だと述べている．初等幾何学の問題は，少年たちにこういう精神力をつけるためにも役立つのではないだろうか．

1-5 初等幾何学の教育的価値

初等幾何学は戦後の学校教育では軽視されている．特に数学教育の現代化が叫ばれるようになってからは，無用の長物のように嫌われた．昔は初等幾何は論理的思考の育成に役立つということでずいぶん重視されたものであったが，それも科学的な裏付けに乏しいというわけである．現在では大学の数学科でも初等幾何学など教えているところは全くない．戦後の一時期に，幾

何が高校数学の科目として取り入れられたとき，教えられる先生がいなくて困ったことがあったという．

ところが，この初等幾何学の復活を主張する数学者もいるのである．ある大学の理学部数学科のS教授は，「最近自分の大学の学生の中に，途中で落後してしまう人が多くなってきているのは中学や高校で幾何を教えないことが一つの原因だ」というのである．大学の数学科に入学してくる学生は数学が好きな学生ということになろうが，もし彼らが数学だと思って学習してきたものが本物の数学ではなかったとしたらどうなるだろうか．S教授は，「幾何学の考え方こそもっとも数学らしいものであり，幾何学における発見の喜びこそ数学者の発見の喜びに近いものである」といっている．

全く手掛かりがつかめないで3日も4日も考え続けた問題が，たった1本の補助線の発見で，あっという間に解ける．そのときの喜びは幾何を学んだことのないものにはわからない．確かに大学数学科での数学の学習にはこれと似たところがある．S教授は「幾何の問題解決の喜びは，おおげさにいえば禁断の木の実である．この味を知れば決して忘れられるものではない．そして，これこそ真の数学の面白さだと知れば，恐らく落後する人はかなり減るのではないか」と述べている．

数学の本当の面白さは機械的，形式的な操作にあるのではなくて，考えることの面白さなのである．解決の糸口さえ全くつかめないような問題が，何かのきっかけで突然解ける，これが本当の面白さなのである．

ある芥川賞作家は「文学者が創作する思考過程は，幾何学で補助線を発見するときの思考過程と似ている」と述べている．棋士は何十手も先を読むという．これは演繹的推理である．しかし，相手の手を読むといってもおのずから限界がある．将棋の七冠王になったHは，盤面の幾何学的図形的感覚によって次の手を読むという．棋士が長時間考えているのは，最初に直感によって閃いた手をいろいろな方法で検証しているのだという．演繹的，論理的読みよりカン，カンより漠然とした感覚が大切だといっている．いくら合

理的に考えていっても創造的発見は難しい．発見の多くは直観によるものである．初等幾何の証明ではこの直観力がものをいう．昔，東京物理学校に沢山勇三郎とか森本清吾という幾何の先生がいた．初等幾何の難問もこれらの先生は立ち所に解決してしまう．その解法の鮮やかさには驚かされる．図形を凝視していたかと思うと一本の補助線を発見する．するとたちまちのうちに問題解決の光明が見えてくるのである．これらの先生の直観力は天性のものか，あるいは長年の初等幾何の研究を通して養われたものかわからないが，後者の可能性も高い．

もともと初等幾何の源流になっているユークリッドの『原論』などは，本来なら博物館に陳列されるような代物なのだが，つい先頃まで生きていたのだから不思議なくらいである．やはり人間にとって魅力のある学問なのである．実際，ユークリッドの本にある200余りの命題のうち，現代数学の学習に役立つものはせいぜい1ダースぐらいのものであろうといわれている．だから有用性という点からはほとんど問題にならない．明治以来，幾何で養われる論理的思考力が他の分野で役立つといわれてきたが，それも立証できるものではない．

さて幾何学というのは数学者になるような人にとっては確かに面白い学問かもしれないが，大多数の人にとっては大変迷惑な学問でもある．幾何の難問に会ってから数学嫌いになった人もいるし，幾何ができなかったために進路さえ変える羽目になったという人もいる．しかし，入学試験の科目から外し，成績とは一切無関係ということにでもしたら，案外幾何ファンが増えるかもしれない．

2. ナポレオンが解いた作図問題

2-1 コンパスだけで円を4等分する問題

　昭和28年2月3日（火）の朝日新聞の「学会余滴」の欄に，窪田忠彦の次の小文が掲載されている．窪田忠彦(1885～1952)は，1911年に東北帝国大学が開設されたとき助教授として赴任して以来，長年教授として活躍された代表的幾何学者である．

　「去る昭和23年3月12日学士院の常会で田中館愛橘(たなかだてあいきつ)先生が私の席に来られ「窪田君，この作図問題を教えてくれ」といわれた．見るとそれは「コンパスのみで，与えられた円を四等分せよ」というのであった．初等幾何学の作図問題では器具として定規とコンパスの使用を許すのが普通であるが，この二つを使って解かれる作図問題はコンパスのみでも解かれることは1797年にイタリアのマスケロニが証明している．もちろんコンパスのみでは直線が引けないが，例えば線分を求める問題ならば，その線分の両端の点を描いてみせれば良いことにするのである．私は先生の出された問題の解答を送った．早速，先生からローマ字でお礼の手紙を賜った．それによると，明治17,8年ごろ，当時天文台長だった寺尾 寿(ひさし)先生から，ナポレオンがこの問題を解いてパリ学士院に提出してパリ学士院会員となり，彼はその名誉を悦んだと言う話を聞いて，自分もその解法を考えてみたが出来ずじまいだったといういきさつだそうである．先生はお蔭で長い間の望みを達してうれしいと結んで，なお，『Ikinari kono kotae o dasareta nowa "Napoleon sottinoke" desu』とあったので，私の解はマスケロニの定理の特別の場合で，独創的なものではない旨を御返事しておいた」

以上が新聞記事の全文であるが，この記事に出てくる田中館愛橘(1856～1952)は地磁気の測定で有名な物理学者で，1944年に文化勲章を受章している．ローマ字論者としても有名で，ローマ字で手紙を書いているのはそのためである．また，寺尾寿(1855～1923)は，東京大学教授で初代の東京天文台長になった人で，中等学校の算術教科書の著者としても有名であった．また，現在の東京理科大学の前身である東京物理学校の創立者の一人で，初代校長を勤めた人でもある．

マスケロニ(Lorenzo Mascheroni, 1750～1800)は，記事の中に説明されているように，イタリアの数学者で，1797年に『コンパスの幾何学』を著して，『原論』での作図問題はすべてコンパスだけで作図可能であることを証明した人である．最初はギリシア文学の教授だったという．彼の本はフランス語，ドイツ語に翻訳されている．

ところで，読者の皆さんが不思議に思われるのは，ナポレオンがどうしてこのような幾何の問題に興味をもって研究したのかということであろう．ナポレオンは基礎的な教育を十分受けなかったので，正確なスペルを綴ることさえできず，彼の手紙は判読するのが困難だったという噂さえある．ところがどういうわけか数学だけは抜群の成績で，フランス学士院は彼が30歳のとき数学および物理学部門の会員に推挙しているほどなのである．もっともこれには多分に政治的配慮があったようにも思われる．ナポレオンは「数学の進歩改善は，国家の繁栄を左右する」という有名な言葉を残している．彼は学生時代から数学に興味関心をもっていたので幾何の問題を研究しても不思議ではない．数学史研究家のカジョリによれば，この問題はナポレオン自身がフランスの数学者に提出したものであるという．真偽のほどはわからない．

ナポレオンは自分を軍人としてだけではなく文化人として印象づけようとして，1799年のエジプト遠征には，文化の遅れた地域へ恩恵をもたらすのだといって数学者のモンジュを含む科学者，博物学者，詩人など200人近い

文化人を同道している．このとき一人の砲兵士官がナイル河口のロゼッタで発見した石碑はエジプトの古代文字解読の資料となったことは良く知られている．

ところで，ナポレオンが天下を取ったとき彼の最優先課題は富国強兵ということであった．このため彼は軍人と科学者を重用し，それらを育てる学校の整備に力を入れた．有名なエコール・ポリテクニク（高等理工科学校といわれている）に優秀な砲兵士官を養成する科を設けたりした．彼はエコール・ポリテクニクを「黄金の卵を産む牝鶏（めんどり）」とさえ呼んでいる．彼は数学者を優遇し，世界的に有名な数学者ラグランジュ，ラプラス，モンジュには伯爵を，フーリエには男爵を与えている．特にラプラスは彼の内閣で内務大臣に登用されている．1785年に16歳のナポレオンは王立砲兵士官学校の入学試験を受けたが，その時の試験官がラプラスであった．そのことを思い出してナポレオンはラプラスを大臣に登用したようであるが，結果的には次のように後悔している：

「ラプラスは一流の数学者だが，行政家としては凡庸だった．私は彼の仕事ぶりに幻滅を感じた．彼は問題を真の観点からみない．彼はいたる所で策略をかぎつける癖があり，疑い深い観念をもっている．そして最後に，彼は無限小の精神を行政の中に持ち込んだ」

さて，本題にもどって，この作図問題の解き方であるが，やってみると案外に難しいのである．

中心Oの円周上の1点Aから半径で円をB,C,Dと区切っていく．すると，AとDは円Oの直径の両端の点になる．次にAを中心にACを半径とする円と，Dを中心にDBを半径とする円を描いて，その

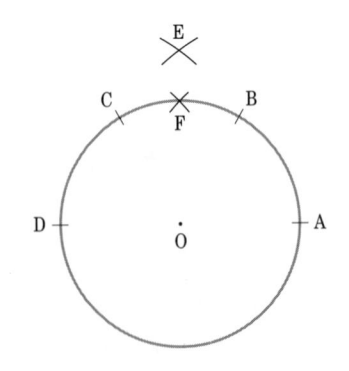

交点を E とする．最後に A, D を中心として半径 OE で円を描くと円周上の点 F で交わる．この点 F が半円 AD の弧の中点，つまり円周の 4 等分点の 1 つになる．

この方法が正しいことを証明してみよう．△ACD は半円に内接する三角形だから直角三角形である．いま，円の半径を 1 とすると，AD = 2, CD = 1 だから，三平方の定理で計算すると AC = $\sqrt{3}$，したがって BD = $\sqrt{3}$ である．次に，△EDA は ED = DB, EA = AC だから，ED = EA = $\sqrt{3}$ の二等辺三角形である．O は底辺 AD の中点だから，EO は AD と垂直である．EO = $\sqrt{DE^2 - DO^2}$ = $\sqrt{2}$, DF = EO，したがって DF = AF = $\sqrt{2}$，つまり △FDA は直径 AD = 2 上につくられた直角二等辺三角形で等辺の長さが $\sqrt{2}$ であるから，OA = OD = OF = 1 となって，F は O を通り直径 AD に垂直な直線と円周との交点になる．つまり F は円周の 4 等分点の 1 つである．A を中心，AF を半径とする円と最初に書いた円との交点が残りの 4 等分点になる．

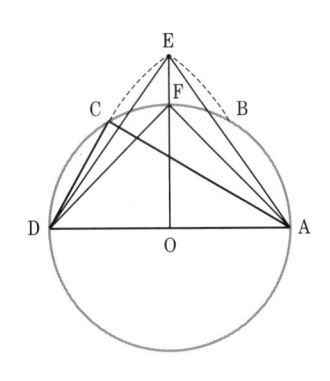

2-2 初等幾何の作図問題ではなぜコンパスと定規だけしか使ってはいけないのか

初等幾何の作図問題では，直線を引くこと，円を描くことの 2 つだけを使うことが条件になっている．垂線を引くのに三角定規の角の直角を使ってはいけない．平行線を引くとき，2 枚の三角定規を使うようなことも許されない．どうしてこういう制限が行われるようになったのだろうか．現在の幾何学の原型となったのは紀元前 3 世紀頃アレクサンドリアで活躍していたギリ

シアのユークリッドの『原論』であるが，この本では，数学を学問として構成するために，第1巻の最初に前提となる"定義，公準，公理"がはっきりと示されている．定義は使う用語の説明である．公理はあらゆる学問に共通した原理で，『原論』では「共通概念」となっている．公準は「要請」と書かれているように，これらは証明することは不可能だが幾何学の理論を展開していく上で必要なことだから認めてほしいと要請するということである．

公準(要請)：次のことは，認めることが要請されているとせよ．
1. 任意の点から任意の点へ直線を引くこと．
2. 有限直線を連続して1直線に延長すること．
3. 任意の点と距離(半径)とをもって円を描くこと．
4. すべての直角は互いに等しいこと．
5. 1直線が2直線に交わり，同じ側の2つの内角の和が2直角より小さいとき，この2直線は限りなく延長すると，2直角より小さい角のある側において交わること．

この公準の1～3は簡単にいうと，2点を結ぶ直線を引くこと，線分を限りなく延長すること，中心と半径を与えて円を描くこと，である．直線を引くのは目盛りのない直線定規，円を描くのはコンパスである．つまり，ユークリッドの幾何学ではこの2つだけを使って作図することが要請されているわけである．『原論』ではこの2つを使ってすべての作図を行うようになっている．直線定規とコンパスだけを使用するという制限をつけたとき，作図できない問題を作図不能問題という．作図不能問題として有名なのは，

(1) 円と等積な正方形(の1辺)を作図すること，
(2) 任意の角を3等分すること，
(3) 立方体の2倍の体積を持つ立方体(の1辺)を作図すること

である．一般に2次方程式の解になるような値は作図できるが，3次方程式以上になるような問題の解は作図では求められない．

『原論』では定規とコンパスだけで作図できる図形しか扱っていない．第

4巻には円に内外接する正3, 4, 5, 6, 15角形の作図法が説明されている．正15角形の作図は次のように考えれば可能であることがすぐわかる．

円に内接する正3角形，正5角形を書く．すると一辺に対する中心角の差として $120 - 72 = 48$ 度が作図できるから，それを2等分すれば中心角24度が作図できる．$360 \div 15 = 24$ であるから中心角24度に対する弦が内接正15角形の1辺になる．

円に内接する正3, 4, 5, 6, 15角形が作図可能なら，これらの辺数を倍にした，正8, 10, 12, 30角形や正16, 20角形なども作図可能である．しかし，正7, 9, 11, 13, 14角形などは作図不能である．そうすると正17角形なども当然作図不能のように思われるが，有名なドイツのガウスはゲッチンゲン大学の学生だった19歳（1796年）のとき，これが作図可能であることを発見した．このことが契機となってガウスは数学の道へ進む決心をしたといわれている．

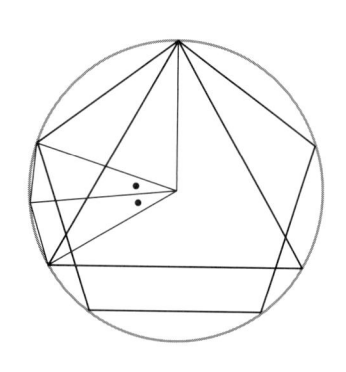

さて，『原論』では作図を定規とコンパスに制限した．そこで，以後の命題として取り扱う基礎的な図形の作図方法が第1巻の初めから詳しく説明されている．第1巻の命題1は「与えられた線分の上に等辺三角形（正三角形）をつくること」である．一辺を与えて正三角形を書くことなど小学生でも容易にできる．ユークリッドがこういう作図問題を命題1として取り上げた真意は，単に正三角形を書くということだけではなく，『原論』の前提となっている定義，公準，公理に基づいて正三角形（等辺三角形）を書くことが可能であることを示すことにあった．

命題1 与えられた線分の上に等辺三角形をつくること．

与えられた線分を AB とする．A を中心，AB を半径として円 BCD を描く．また，B を中心，BA を半径として円 ACE を描く（公準3）．

2円の交わる点を C とし，C と点 A, B を結ぶ（公準1）．

点 A は円 BCD の中心であるから，AB と AC は等しい．また，点 B は円 ACE の中心であるから BA と BC は等しい（定義 15：「円とは，その図形の内部にある 1 点からその線に至る線分が常に等しいような，1 つの線によって囲まれた平面図形である」による）．つまり，CA と CB はともに AB に等しい．同じものに等しいものは等しいから，CA は CB に等しい（公理 1）．

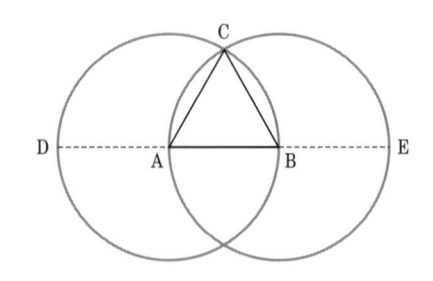

ゆえに，3 つの線分 CA, AB, BC は等しい．ゆえに，△ABC は等辺三角形である（定義 20：「3 辺が等しい三角形を等辺三角形，2 辺が等しいものを二等辺三角形，3 辺が等しくないものを不等辺三角形という」による）．△ABC は与えられた線分 AB 上につくられた．これが作図すべきものであった．

『原論』には大体以上のように書かれている．ユークリッドはこれで完璧に説明したつもりでいるが，考えてみると，この作図では，円 BCD と円 ACE が必ず交わるという保証はされていない．

命題 2 与えられた点を一端として，与えられた長さの線分を引くこと．

命題 3 長さの等しくない 2 直線が与えられているとき，長い方から短い方の直線に等しい長さを切り取ること．

これらも，わかりきったことで，わざわざ取り上げなくても良さそうに思えるが，幾何学を厳密な論理的体系にしようと考えていたユークリッドにとっては，欠かせない大切な問題だったのである．

こういう基本作図の次に角の 2 等分線や垂線の作図がでてくるのだが，こ

こに等辺三角形の作図などが早速使われるのである．

命題9 角の2等分線を引くこと．

∠BACを2等分するものとする．辺AB上に任意の点Dをとる．AC上にAD＝AEとなる点Eをとる．DE上に等辺三角形DEFをつくる．AFを結ぶと，これが∠BACの2等分線になる．△ADFと△AEFは3辺が等しいから合同，ゆえに∠DAF＝∠EAFである．

3辺の合同定理は命題8で扱われている．ただ『原論』では，合同という用語は使わずに，次のように書かれている．

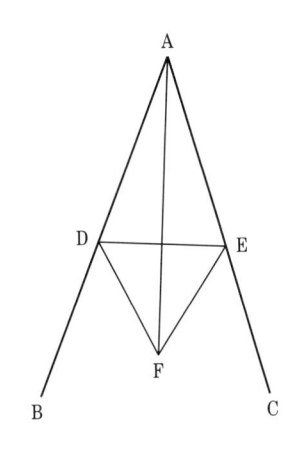

命題8 もし，2つの三角形において，2辺が2辺にそれぞれ等しく，底辺が底辺に等しければ，等しい辺に挟まれた角もまた等しい．

命題10 線分を2等分すること．

線分ABを与えられた線分とする．ABを1辺とする等辺三角形ABCをつくる．∠ACBの2等分線を引いて辺ABとの交点をDとすると，DはABの中点である．

なぜならば，AC＝BC，∠ACD＝∠BCD，CDは共通，ゆえに△ACDは△BCDと合同である．よって，AD＝BDである．

2辺とその挟む角が等しいときの合同定理は命題4で扱われている．

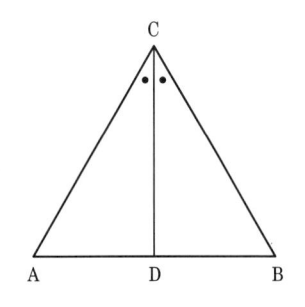

命題4 2つの三角形がそれぞれ相等しい2辺をもち，この等しい辺のなす角が等しければ，これらの三角形では，底辺は底辺に等しく，残りの角は残りの角にそれぞれ等しい．

線分の中点を求めるのにずいぶん面倒なことをしているように思われるがすでに証明済みの命題を使って可能であることを示しているわけである．ところで，この作図つまり2点A, B (を結ぶ線分AB) の中点をマスケロニはコンパスだけでどうやって求めているか紹介しておこう（平山諦『東西数学物語』，恒星社厚生閣）．

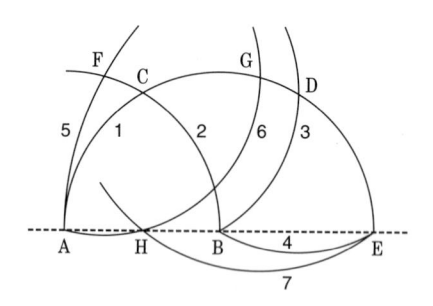

右の図で，Bを中心，BAを半径とする円1を描く．Aを中心，ABを半径とする円2を描いて円1との交点をCとする．次に，Cを中心，ABを半径とする円3を描いて円1との交点をDとする．Dを中心，ABを半径とする円4と円1との交点をEとする．Eを中心，EAを半径とする円5と円2との交点をFとする．Fを中心，FAを半径とする円6と円1との交点をGとする．Gを中心，GEを半径とする円7と円6との交点をHとする．HはABの中点である．

こういう面倒なことをよく研究したものだと感心させられる．

命題11 直線AB上の点CでABへ垂線を立てること．

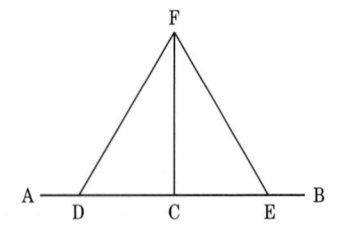

任意の点DをAC上にとる．CE＝CDとなる点EをBC上にとる．DEを一辺とする正三角形FDEをつくる．F, Cを結ぶと，FCはABに垂直である．

2-2 初等幾何の作図問題ではなぜコンパスと
定規だけしか使ってはいけないのか   133

命題 12 直線外の点から直線へ垂線を引くこと．

CからABへ垂線を引くとする．
中心 C，任意の半径で AB と交わる
円 FGE を描く．EG の中点を H とすると，CH は AB と垂直である．

幾何の作図でよく使うのは平行線の作図であるが，命題 31 が「与えられた点を通り，与えられた直線に平行線を引くこと」になっている．

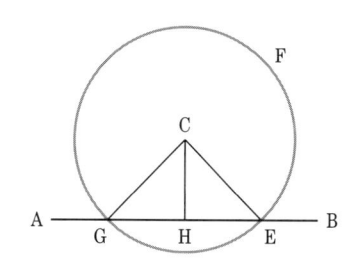

点 A を通り直線 BC へ平行線を引くとする．BC 上に任意の点 D をとり，A,D を結ぶ．∠ADC に等しい ∠DAE をつくる．EA を延長して EF をつくれば EF は BC と平行である．

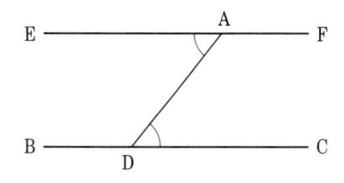

この作図は命題 27 の「もし 1 直線が 2 直線に交わってつくる錯角が等しければ，この 2 直線は平行である」に基づいている．

ところで命題 31 の方法で平行線を引くには，ある角と等しい角をつくらなければならないが，その方法は命題 23 にでているのである．

命題 23 与えられた直線上に，その点において，与えられた角に等しい角をつくること．

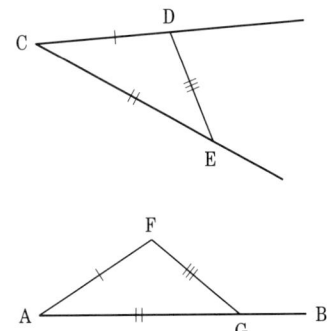

直線 AB 上の点 A で ∠DCE に等しい角をつくるとする．与えられた角の辺上に任意の点 D,E をとり △DCE をつくる．CD,DE,CE に等しい三線分から △AFG をつくる．すると CD = AF, CE = AG, DE = FG であるから △DCE と △FAG は合同となり，∠DCE = ∠FAG である．

『原論』というのは，実にまわりくどいものになっている．それは，あくまでも厳密な論理の体系を守ろうとしているからである．

エジプトの王プトレマイオスがユークリッドの講義を聞いて，もっと簡単に幾何学を学ぶ方法はないのか，と皮肉をいったところ，ユークリッドが「この国には王様だけがお通りになる王道がありますが，幾何学には王道はありません」といったという有名な逸話が残されている．たとえ王様だろうと幾何学の学習に関しては一般市民と同じだといっているわけである．

3. 蜜蜂の巣はなぜ正六角形なのか

3-1 ギリシアのパッポスの本にある「蜜蜂の巣の話」

 アレクサンドリアにいたギリシアの数学者パッポス(紀元3世紀後半)の『数学集成』第5巻の初めに「蜜蜂の巣の話」が載っている(T.L.ヒース著・平田寛訳『ギリシア数学史』, 共立出版):
 「蜜蜂は天国から蜂蜜という神々の食物の分け前を人類へ運んでくる. そういう蜂蜜は地面や樹木とか, その他のみにくいところへ注ぐのは適当でない. そこで蜜蜂はそれにふさわしい器をつくった. その器の形は, 連続していて, ぎっしり詰まっていて, 隙間に少しの不純物が入り込まないものでなければならない.
 ところで同一点のまわりの空間を満たすことのできるのは正三角形, 正方形, 正六角形の三つしかない. 蜜蜂たちは本能的に最大角をもつ正六角形を選んだが, この形は他の二つよりずっと多くの蜂蜜を満たすことができるからである.

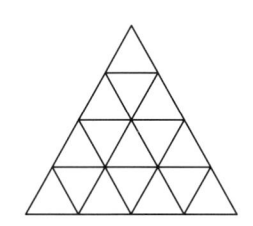

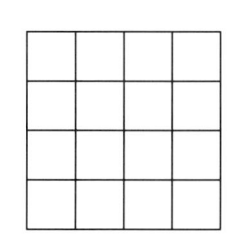

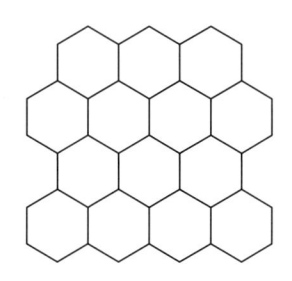

 蜜蜂より聡明な我々は, 周が等しく等辺等角の図形の中では, 角の数が多

いほど面積が大きく，さらに周の等しい平面図形のうちでは円が最大面積をもつことを知っている」

等辺等角の図形とは正多角形のことである．次にこのことを検証しよう．

3-2 等周図形では円が最大の面積をもつことの実証

いま，二辺の長さが a, b の長方形と，一辺の長さが c の正方形があって周の長さは等しい（等周）とする．どちらの面積が大きいか？

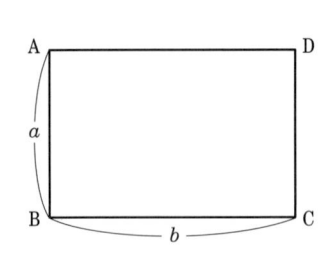

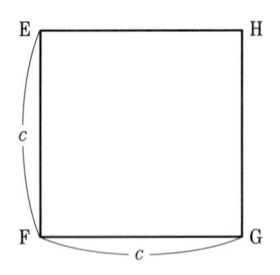

仮定から，

$$2(a+b) = 4c \qquad \therefore \quad c = \frac{a+b}{2}$$

である．正方形の面積は c^2，長方形の面積は ab である．したがって，

$$\begin{aligned}
c^2 - ab &= \left(\frac{a+b}{2}\right)^2 - ab \\
&= \frac{1}{4}(a^2 + 2ab + b^2) - \frac{4ab}{4} \\
&= \frac{1}{4}(a^2 - 2ab + b^2) \\
&= \frac{1}{4}(a-b)^2 \geqq 0
\end{aligned}$$

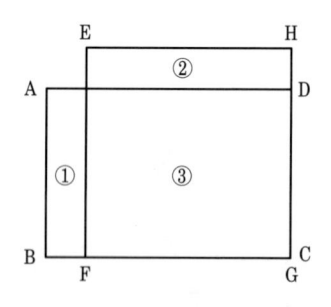

これから，$c^2 \geqq ab$ つまり正方形の方が長方形より面積が大きいことがわかる．$a = b$ のとき等号が成り立つ．

この問題は幾何学的に証明することもできる．前頁の下の図のように，長方形の一辺 BC へ正方形の一辺 FG を重ねる．すると，BF + FC + CD = $a + b$，FC + CD + DH = $2c$ である．$a + b = 2c$ であるから，BF + FC + CD = FC + CD + DH，これから BF = DH である．

長方形の面積 = ① + ③，正方形の面積 = ② + ③ であるから，①と②の面積を比べればよい．①の面積は AB × BF，②の面積は EH × DH である．BF = DH で，EH = CH = CD + DH = AB + DH > AB であるから AB × BF < EH × DH，すなわち ①の面積 < ②の面積 であることがわかる．したがって，長方形の面積 < 正方形の面積 である．

四角形の中では正方形の面積が一番大きい．それでは正方形と正三角形ではどうか．一辺が c の正方形と周の長さの等しい正三角形の一辺を d とする．仮定から $4c = 3d$，$c = \dfrac{3}{4}d$ が成り立つ．

一辺 d の正三角形の高さ h は三平方の定理によって

$$h = \sqrt{d^2 - \left(\dfrac{d}{2}\right)^2} = \dfrac{\sqrt{3}}{2}d$$

だから，正三角形の面積は

$$d \times \dfrac{\sqrt{3}}{2}d \times \dfrac{1}{2} = \dfrac{\sqrt{3}}{4}d^2$$

である．これを正方形の面積 c^2 と比べると

$$c^2 - \dfrac{\sqrt{3}}{4}d^2 = \left(\dfrac{3}{4}\right)^2 d^2 - \dfrac{\sqrt{3}}{4}d^2 = \dfrac{9}{16}d^2 - \dfrac{\sqrt{3}}{4}d^2$$

となる．$\dfrac{9}{16} = 0.56\cdots$，$\dfrac{\sqrt{3}}{4} = 0.43\cdots$ であるから，上の差は > 0 となって，正方形の方が大きいことがわかる．

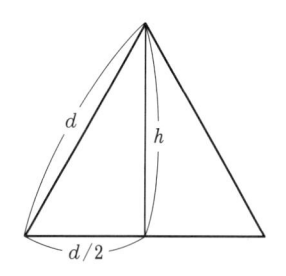

次に，正方形と周の等しい正六角形を比べてみよう．

一辺 c の正方形と周の等しい正六角形の一辺を e とする．$4c = 6e$，つまり $c = \dfrac{3}{2} e$ である．正六角形の面積は，一辺 e の正三角形 6 個の面積に等しいからその面積は

$$\dfrac{\sqrt{3}}{4} e^2 \times 6 = \dfrac{3\sqrt{3}}{2} e^2$$

である．これと正方形の面積 c^2 を比べてみると

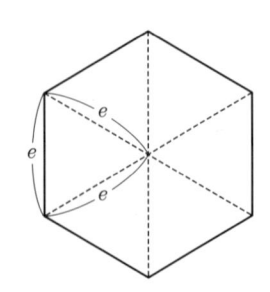

$$\dfrac{3\sqrt{3}}{2} e^2 - c^2 = \dfrac{3\sqrt{3}}{2} e^2 - \left(\dfrac{3}{2} e\right)^2 = \left(\dfrac{3\sqrt{3}}{2} - \dfrac{9}{4}\right) e^2$$

となる．$\dfrac{3\sqrt{3}}{2} = 2.59\cdots$，$\dfrac{9}{4} = 2.25$ であるから，この差は > 0 である．つまり正六角形の面積の方が正方形の面積より大きいことがわかる．

以上から，平面を隙間なく埋めつくすことができる図形では，周の長さが等しければ，面積は 正六角形 > 正方形 > 正三角形 のように角数が多いほど面積が大きいことがわかる．同じ材料を使って蜜を入れる巣穴をつくるとすれば，正六角形の形にするのが良いことがわかる．蜜蜂は本能的にそうしているというわけである．

さて，上の計算から，推理していくと，もし周の長さが等しいなら，辺の数が多いほど面積は大きいということになる．周の長さが等しければ，正七角形の面積は正六角形の面積より大きいことになるはずである．多角形の辺数を大きくしていくと次第に円に近づいていく．そこで，周の長さが等しい円の面積と正六角形の面積を比べてみよう．

一辺 e の正六角形と周の等しい円の半径を r とすると，$6e = 2\pi r$ が成り立つ．つまり $r = \dfrac{3e}{\pi}$ である．すると円の面積は

$$\pi r^2 = \pi\left(\frac{3e}{\pi}\right)^2 = \frac{9e^2}{\pi} = 2.86\cdots e^2$$

である．正六角形の面積は上で計算した通り $\frac{3\sqrt{3}}{2}e^2 = 2.59\cdots e^2$ であるから，円の面積の方が大きいことがわかる．以上から，周が等しい図形では，面積は 円 > 正六角形 > 正方形 > 正三角形 の順になっていることがわかる．

一般に，周の長さが等しい図形では円が最大の面積をもつことが証明されている．もし，ある長さの紐でできるだけ大きい面積を囲めといわれたら円をつくればよいわけである．

3-3 ギリシアのゼノドロスの『等周図形論』

次に述べる 4 つの問題は "等周問題" といわれて古くから研究されてきた．パッポスより以前に，ギリシアのゼノドロス（紀元前 180 頃）は『等周図形論』という論文で次の命題を証明したといわれている．ただ，どのように証明したのかは明らかでない．

1. 周の等しい正多角形のうち，最も多くの角（辺）をもつものが最大の面積をもつ．
2. 円はそれと周の等しい，いかなる正多角形よりも面積が大きい．
3. 同じ辺数と同じ周をもつすべての多角形のうち，正多角形の面積が最大である．
4. 表面積の等しいすべての立体のうちで球が最大の体積をもつ．

これらの命題を証明するのは容易ではないが，ここでは「周が一定の曲線図形（多角形で角数が多いもの）では円が最大の面積をもつ」ことの証明を次の順序で考えてみよう．

1. まず，周が一定な曲線図形で，面積が最大なのは凸形でなければな

らない．

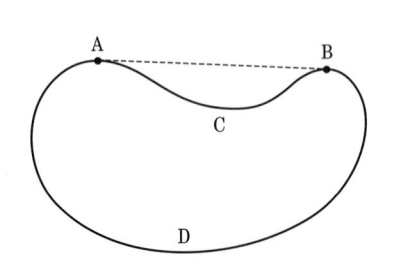

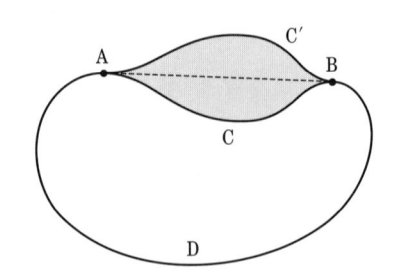

上の図のような凹形 ACBD があったとする．この ACB の部分を対称に移動して凸形 AC'BD をつくると，この図形は ACBD と等周であるが，面積は明らかに大きくなっている．このように，凹形の図形は，それと等周でより面積の大きい凸形の図形に変えることができる．つまり凹形では最大面積をもつことはできないわけである．

2. 周が一定の凸形は，これと等周で面積がこれより小さくなく，かつ対称軸をもつ図形に変形することができる．

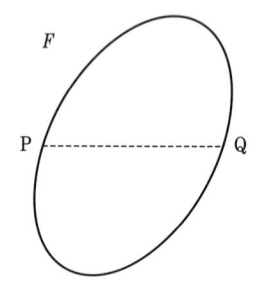

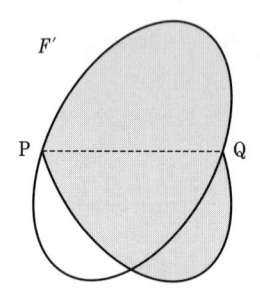

上の図で凸形 F の周の 1/2 を P〜Q とする．このとき，上の部分の面積が下の部分の面積より大きいと仮定する．PQ を軸として上の部分を下へ折り返して図形 F' をつくったとする．図形 F' は図形 F と等周で対称軸をもち，しかも面積が大きいことがわかる．

3-3 ギリシアのゼノドロスの『等周図形論』

3. 対称軸をもつ円以外の凸形は，これと等周で面積の大きい図形に変形することができる．

この簡単な例を示してみよう．

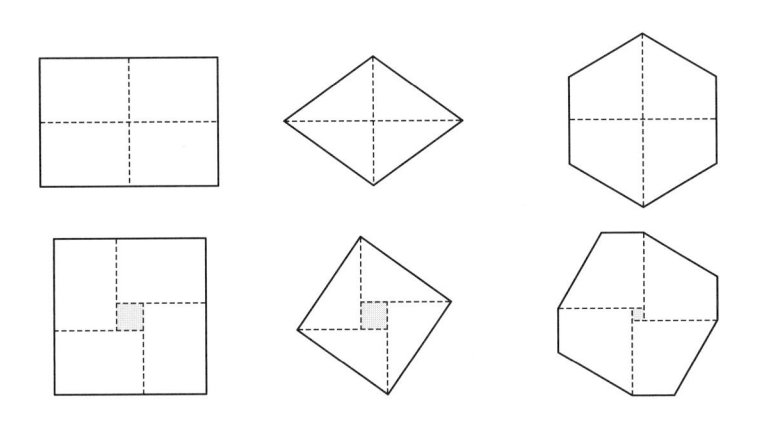

左から長方形，菱形，正六角形でどれも対称軸をもっている．これらの図形を対称軸に沿って切って並べ直すと，周囲の長さは等しいが面積の大きい図形がつくれる．陰影の部分だけ増えている．正六角形の場合はほんのわずかしか大きくならない．

次の図を用いてこの問題をもう少し一般的に考えてみよう．

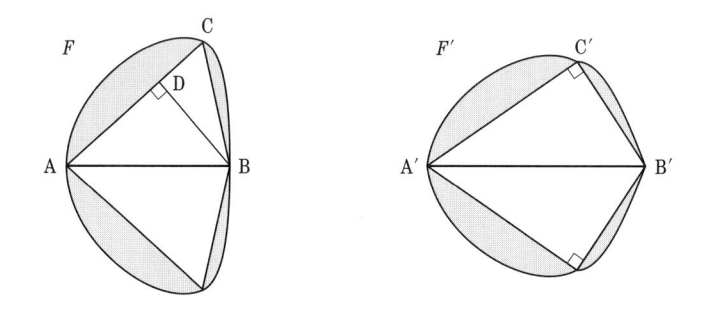

対称軸 AB をもつ図形を F とする．∠ACB ＜ 直角 である周上の点を C

とする．次に，A′C′ = AC, B′C′ = BC, ∠A′C′B′ = 直角 の三角形 A′C′B′ をつくり，A′C′, B′C′ の上に左の図形の弓形の部分を加えて図形 F' をつくる．図形 F' の周は図形 F の周と同じであるが，面積は大きい．なぜなら △ACB の面積は $\dfrac{\text{AC} \times \text{BD}}{2}$，△A′C′B′ の面積は $\dfrac{\text{A′C′} \times \text{B′C′}}{2} = \dfrac{\text{AC} \times \text{BC}}{2}$ で，BD < BC であるから，明らかに △A′C′B′ の方が面積が大きい．

図形 F の周上の点を C としたとき，C の位置に関係なく ∠ACB = 直角 になるならば，図形 F は半円周である．

以上から，円以外のいかなる図形についても，それと周の長さが等しく面積の大きい図形をつくり得るということがわかる．すなわち，周が一定の図形では，円が最大の面積をもつ図形であることが推理できる．

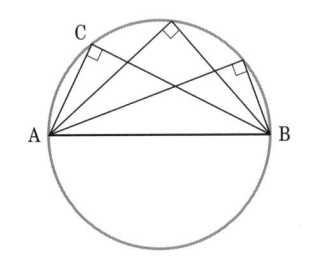

最後に，命題 4（p.139）の簡単な検証をしてみよう．

一辺 2 cm の立方体（正六面体）の体積は $2^3 = 8$ cm³ である．また，表面積は $2^2 = 4$ cm² の 6 倍の 24 cm² である．

表面積が 24 cm² の球を考えてみよう．半径を r とすると表面積は $4\pi r^2$ であるから $24 = 4\pi r^2$，これより $r^2 = \dfrac{6}{\pi}$．半径 r の球の体積は $\dfrac{4\pi r^3}{3}$ であるから，$\dfrac{4\pi r}{3} \times \dfrac{6}{\pi} = 8r$ となる．一方，$r^2 = \dfrac{6}{\pi}$ より $r = 1.38\cdots$ であるから，この値を $8r$ へ代入すると，球の体積は約 11 cm³ となる．表面積が等しい立方体と比べると体積はかなり大きいことがわかる．

4. 円周率計算のはじまり

円はロープ1本で簡単に描ける美しい幾何図形として多くの人に親しまれてきた．古代中国では，"天円地方"つまり天の形は円で，地の形は方形と考えられていた．したがって，数学でも円についての研究が行われたのは当然であった．円の研究は，円の面積の計算から始まった．恐らく，最初の計算法「円周の半分 × 直径の半分」は，小学校の算数の教科書にみられるように，円を小さい扇形に分割してそれを長方形に並べ直す図解から発見したものであろう（p.151の図参照）．この方法を使うには，どうしても円周の長さを求めなければならない．つまり"円周は直径の何倍か"がわからなければならない．これが円周率研究の第一歩である．現在の数学教育では，円周率 π は天下り的に教えられるだけで，興味本位に誰が円周率を何桁計算したかといったことを取り上げているだけである．しかし，算数や数学の教育では，もっとも素朴な疑問から出発して，それをどう解決していったかといった問題を取り上げなければいけない．その場合，教材として面白いのは，π の無限級数展開などが知られる以前の古代社会での計算法や江戸時代初期の数学書にみられる計算方法である．

4-1 古代中国の円周率

円の面積の計算はかなり古い時代から行われていた．紀元前17世紀頃に書かれたエジプトのリンド・パピルスには，直径9の円の面積が64と計算されている．この計算方法は直径からその $\frac{1}{9}$ を引いたもの，つまり直径の

$\frac{8}{9}$ を2乗して求めるというものである．半径を r として，この計算を式で表してみると，直径は $2r$ だから，その $\frac{8}{9}$ は $\frac{16}{9}r$ で，その2乗は $\frac{256}{81}r^2$ となる．円の面積を求める公式 πr^2 と比較すると，円周率 π を $\frac{256}{81} = 3.16$ として計算していることになる．$\pi = 3.14$ とすると，直径9の円の面積は $4.5^2 \times 3.14 = 63.585$ である．エジプト人はこれを64としたのだからかなり詳しい値だといえる．この計算法は経験から見つけたものだと思うが，古代バビロニアの数学では円周は直径の3倍として計算することが多かった．平成14年4月より施行された小学校学習指導要領では5年の図形で「円周率の意味について理解すること」が取り上げられていて，内容の取り扱いの中に「円周率としては 3.14 を用いるが，目的に応じて3を用いて処理できるように配慮するものとする」となっている．これを取り上げた教育評論家やマスコミが，「円周率を3として計算させている，こういうことだから学力低下をきたすのだ」といって大騒ぎをしていたことがある．公園で木の周囲を紐で測ったら 150 cm あった．この木の直径はおおよそいくらか，というようなときは $150 \div 3 = 50$ cm とすればよい．測定値の 150 cm とて，測り方によってかなり違ってくる．これを $150 \div 3.14 = 47.8$ cm としたところでどうということはない．だから古代社会の人たちも，円周を直径の3倍とみなす計算方法を使っているのである．

　古代中国の算書では「周3，径1」が使われていた．紀元1世紀頃に存在した中国の古算書『九章算術』の第1章「方田（ほうでん）」に次のような問題がでている．

　　「周30歩，直径10歩の円田の面積はいくらか」

　　答　75平方歩

　　計算法　円周の半分と直径の半分を掛け合わすと，面積の平方歩数が得られる．……(1)

この問題文からもわかるように, 円周は直径の 3 倍が前提になっている. しかし, 円の面積の計算法「円周の半分 × 直径の半分」それ自体は正しいのである. 直径を d とすると, 円周の半分は $\frac{\pi d}{2}$ であるから, $\frac{\pi d}{2} \times \frac{d}{2} = \frac{\pi d^2}{4}$ である. $d = 2r$ とすれば, これは πr^2 である.

さて,「周 3, 径 1」に異議を唱えたのは,『九章算術』に註をつけた 3 世紀頃の魏の劉徽である. 彼は「周 157, 径 50」つまり, 円周率は 3.14 とすべきであるとした. 彼は, この問題の註で「私の計算法により, 答は, 71 と $\frac{103}{157}$ 平方歩とすべきである」と書いている. これは, 周 30 を基準とした計算である. 周 30 なら, 径は $30 \div \frac{157}{50} = 30 \times \frac{50}{157} = \frac{1500}{157}$ であるから, 面積は $\frac{30}{2} \times \frac{1}{2} \left(\frac{1500}{157} \right) = \frac{11250}{157} = 71 \frac{103}{157}$ となる. もし, 径 10 を基準として計算すれば, 周は $10 \times \frac{157}{50} = \frac{1570}{50}$ となるから, 面積は $\frac{1570}{100} \times \frac{10}{2} = 78 \frac{1}{2}$ となる.

『九章算術』に, 円の面積の「別の計算法」として, 次の 3 つの方法が示されている:

(2) 円周と直径を掛け合わし, 4 で割る.

(3) 直径を自乗して, それを 3 倍し, 4 で割る.

(4) 円周を自乗し, 12 で割る.

(2) は, 円周 × 直径 ÷ 4 = (円周 ÷ 2) × (直径 ÷ 2) としてみれば (1) と同じものであるとわかる. どうしてこういう式が必要だったのかというと, 多分, 円周と直径が 2 で割り切れないときは, 最初に掛け算をして, それを 4 で割る方が計算しやすいと考えたのであろう. 中国人は, 分数の掛け算では我々のように途中で約分してから分母, 分子を掛けることをしないで, い

きなり分母，分子の掛け算をして最後に約分をするという方法を採っているから，それを前提とした計算法であろう．

(3) は (直径)$^2 \times \frac{3}{4}$ である．円の直径を d とすると，面積は，$\frac{\pi}{4}d^2$ である．$\frac{\pi}{4}$ の代わりに $\frac{3}{4}$ を使っているわけだから，$\pi = 3$ で計算していることになる．最初に書いたように「周3，径1」が使われているわけである．劉徽は註で，「直径の自乗は円の外接正方形であり，3倍して4で割ると，円は外接正方形の $\frac{3}{4}$ ということになる」と述べている．

(4) は 円周 = 直径 × 3 とすると，

(円周)$^2 \div 12$ = (直径 × 3)$^2 \div 12$ = (直径)$^2 \times 9 \div 12$ = (直径)$^2 \times 3 \div 4$

となって，(3) と同じものになる．結局，一般的に正しいのは (1), (2) で，(3), (4) は $\pi = 3$ としたときの特別な計算式ということになる．円の面積を求めるのに，直径とか半径をもとにするならわかるが，円周から求めるというのを不思議に思うかもしれないが，「周3，径1」の方法で簡単に周の長さが求まるからだと思う．直径が 2 と $\frac{1}{3}$ なら周は7だから面積は $7^2 \div 12 = \frac{49}{12}$ のように計算できる．また，(3) を使うなら $\left(\frac{7}{3}\right)^2 \times 3 \div 4 = \frac{49}{12}$ と計算することになる．

4-2 古代中国の円周率の研究

古代中国ではずっと $\pi = 3$，つまり「周3，径1」を使っていたのかというと決してそうではない．前述したように劉徽は円周率を $\frac{157}{50}$，つまり 3.14 と計算している．それでは彼はどうして円周率を 3.14 としたのであろうか．

4-2 古代中国の円周率の研究

円に内接する正6角形を書く.正6角形の1辺の長さは半径に等しいから,正6角形の周の長さは $6r$,つまり $3d$ である.このように「周3,径1」という周は円の内接正6角形の周の長さであるから,これは明らかに円周より短い.また,円に外接する正4角形をつくるとその1辺は直径に等しいから,その周長は $4d$ である.これは円周より長い値である.

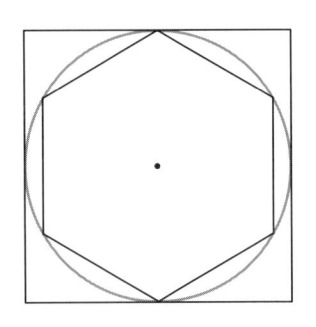

 3× 直径 < 円周 < 4× 直径 であるから,3 < 円周率 < 4 というわけである.劉徽は「周3,径1」の間違いを指摘して詳しい円周率の求め方を研究している.

 まず右の図で AB は正6角形の1辺,AC は正12角形の1辺で OC は半径である.図から AB×OC は4角形 OACB の2倍の面積になる.したがって,

$$4 \text{角形 OACB の面積} = \text{正6角形の1辺} \times \frac{\text{半径}}{2}$$

 図からわかるように,4角形 OACB の面積は円に内接する正12角形の面積の $\frac{1}{6}$ であるから,

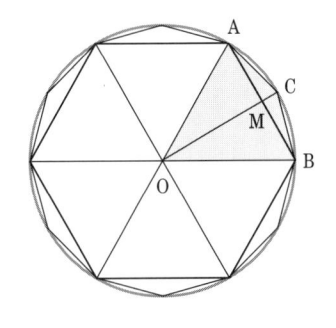

$$\text{内接正12角形の面積} = \text{内接正6角形の1辺} \times \frac{\text{半径}}{2} \times 6$$

以上から「正6角形の1辺 × 半径 × 3 = 正12角形の面積」となることがわかる.そこでこの方法を次々と適用していくと次の関係が成り立つことがわかる:

正12角形の1辺 × 半径 × 6 = 正 24 角形の面積
正24角形の1辺 × 半径 × 12 = 正 48 角形の面積
正48角形の1辺 × 半径 × 24 = 正 96 角形の面積
正96角形の1辺 × 半径 × 48 = 正 192 角形の面積

一般に「正 n 角形の 1 辺 × 半径 × $\frac{n}{2}$ = 正 $2n$ 角形の面積」が成り立つ．劉徽は「内接正多角形の周を次第に細分していくと，その面積と円の面積との差はますます小さくなって，分割できないところまで細分を行えば，ついには正多角形の周は円周と一致して，正多角形の面積と円の面積の差はなくなってしまう」と考えたのである．

正 n 角形の 1 辺 × 半径 × $\frac{n}{2}$ = 正 $2n$ 角形の面積 であるが，分割を細かくしていくと，

正 n 角形の 1 辺 × $\frac{n}{2}$ → 円周の半分，

正 $2n$ 角形の面積 → 円の面積

となることから，

円周の半分 × 半径 = 円の面積

という関係が得られる．これが『九章算術』での円の面積を求める最初の計算式である．

右の図でBCを正 n 角形の 1 辺，BEを正 $2n$ 角形の 1 辺とし，正 n 角形，正 $2n$ 角形の面積をそれぞれ S_n, S_{2n}，円の面積を S とすると，図から明らかに次の式が成り立つ：

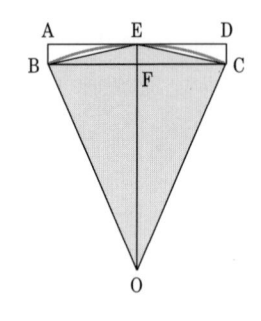

$$S_n + 2(S_{2n} - S_n) = S_{2n} + (S_{2n} - S_n) > S > S_{2n} \quad \cdots\cdots (*)$$

劉徽は，円の直径を 2 尺 = 20 寸 として，正 48 角形の 1 辺の長さを 1.30806 寸，正 96 角形の 1 辺の長さを 0.65438 寸 と計算している．すると，正 96 角形の周の長さは，0.65438 × 96 = 62.82048 だから，円周率は

3.141024 となる．彼は，この値を前に求めた関係式に代入して，

$$\text{正96角形の面積} = \text{正48角形の1辺} \times \text{半径} \times 24$$
$$= 1.30806 \times 10 \times 24$$
$$= 313.9344 \text{ 平方寸}$$

を求めている．中国では端数は分数で表す習慣だったので $313\frac{584}{625}$ 平方寸としている．同様にして，

$$\text{正192角形の面積} = 0.65438 \times 10 \times 48 = 314\frac{64}{625} \text{ 平方寸}$$

と計算した．

$$\text{正192角形の面積} + (\text{正192角形の面積} - \text{正96角形の面積})$$
$$> \text{円の面積} > \text{正192角形の面積}$$

であるから，これに上の数値を代入すると次のようになる：

$$314\frac{64}{625} + \left(314\frac{64}{625} - 313\frac{584}{625}\right) > \text{円の面積} > 314\frac{64}{625}$$

より

$$314\frac{169}{625} > \text{円の面積} > 314\frac{64}{625}$$

これを小数にすると

$$314.2704 > \text{円の面積} > 314.1024$$

これから，半径1尺(= 10寸)の円の面積を 314平方寸 とした．つまり円周率は 3.14 が正しいとしたのである．当時は算木を算盤の上に並べて計算していたのだから，計算は大変だったと思う．私は半径を10として10桁の電卓で正12角形の1辺を計算してみた(p.147の図参照)．

$OM^2 = 10^2 - AM^2 = 75, \quad OM = 5\sqrt{3},$

$CM = 10 - 5\sqrt{3} = 1.339745962,$

$CM^2 = 1.794919243, \quad AC^2 = AM^2 + CM^2 = 26.79491924,$

$AC = 5.176380902$

4. 円周率計算のはじまり

この計算を一般的に書いてみると次のようになる．AB を内接正 n 角形の 1 辺とし，AC を正 $2n$ 角形の 1 辺，OA は円の半径を表している．

$$OM = \sqrt{OA^2 - AM^2} = \sqrt{OA^2 - \left(\frac{AB}{2}\right)^2},$$

$$CM = OC - OM = OA - OM, \quad AC = \sqrt{AM^2 + CM^2}$$

これを繰り返してゆけばよいわけである．10 桁の電卓で計算した結果は次のようになった．もちろん繰り返し計算していくと誤差もでてくる．

正 12 角形の 1 辺　5.176380902

正 24 角形の 1 辺　2.610523844

正 48 角形の 1 辺　1.308062584

正 96 角形の 1 辺　0.654381656

この数値を使って面積を計算すると次のようになる：

正 96 角形の面積 $= 1.308062584 \times 10 \times 24 = 313.9350202$

正192 角形の面積 $= 0.654381656 \times 10 \times 48 = 314.1031949$

この結果を 148 頁の式（＊）に代入して次のように計算する：

$314.1031949 + (314.1031949 - 313.9350202)$
$> 円の面積 > 314.1031949$

これから，$314.2713696 > 円の面積 > 314.1031949$ となる．

正 96 角形の 1 辺の値を求めたのだから，これを 96 倍すれば円周の近似値 $0.654381656 \times 96 = 62.82063898$ が求まる．直径を 20 として計算したのだから，円周率は $62.82063898 \div 20 = 3.141031949$ となる．

3.14 を分数にすると $\frac{157}{50}$ になるが，中国では分数の計算が発達していたので，これを円周率として使うことが多かった．円周率を表す分数には 22/7（粗率）が良く使われるが，これは小数点以下 2 桁までしか正しくない．もっと詳しい分数では 355/113（密率）がある．これは 5 世紀の中国の祖沖之（そちゅうし）が発見したものといわれている．$\frac{355}{113} = 3.14159292$ で，小数点以

下6桁まで正しい．

4-3 江戸初期の和算家の円周率の研究

劉徽の計算は正6角形から出発しているが，日本の江戸時代初期の数学者には正4角形，正8角形から出発する計算をした人がいる．

和算では，例えば『塵劫記』には，円周率は円廻法として3.16が使われている．円の面積は（直径）^{2}×0.79 で計算されていた．0.79は円法と呼ばれているが，3.16 の 1/4 である．この 3.16 は $\sqrt{10}$ の近似値ともいわれている．磯村吉徳の『算法闕疑抄』（1661年）には，円周は「径×3.162」，面積は「（径）^{2}×0.7905」と計算されている．3.162 は明らかに $\sqrt{10}$ である．磯村の本には下のような図がでている．この図は小中学校の教科書にみられるもので，「円の面積＝円周の半分×直径の半分」という計算の原理を示している．

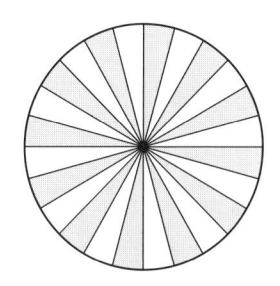

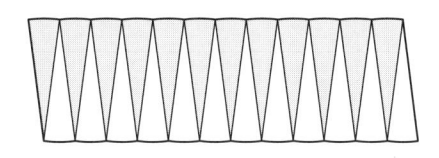

日本の数学者たちも最初は中国の算書にでている値をそのまま使ったり，3.16 のような経験的に得られたものを使っていたわけである．

日本で最初に円周率を理論的に研究したのは村松茂清という人である．彼は忠臣蔵で有名な赤穂の浅野内匠守の家臣で，彼の養子の喜兵衛とその子の三太夫は四十七士のメンバーとして討入りに参加している．

4. 円周率計算のはじまり

村松茂清は『塵劫記』などの初期の和算書に使われている 3.16 に疑問をもった．中国から伝わっていた $\frac{157}{50}$ とか $\frac{22}{7}$ の値と比べて 3.16 が異なるので，正しい円周率はどうなるのか計算で確かめようとしたのである．彼は直径1尺の円に内接する正8角形から出発して，16, 32, 64, 128, 256, 512, 1024, 2048, 4096, 8192, 16384, 32768 = 2^{15} 角形の周を計算し，円周率として 3.1415926487776988692 48 を求めた．この計算過程を調べてみよう．

松村は直径1尺(= 10 寸)の円に内接4角形をつくり，それをもとに正8角形をつくる．半径5寸であるから，内接正方形の1辺は $\sqrt{50}$ 寸であるが，この値を次のように求めている：

AB = 0.7071 0678 1186 5475 244 尺

この値を基礎として，正8角形の1辺を計算する．計算で使われているのは三平方の定理と平方根の計算だけである．

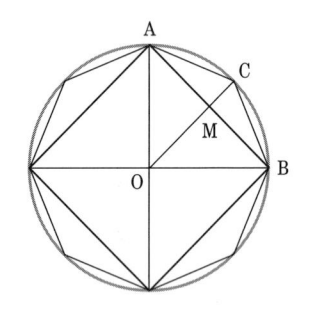

右の図で，AM = $\frac{AB}{2}$，OM = $\sqrt{OA^2 - AM^2}$（正4角形の場合は OM = AM），CM = OC - OM，$AC^2 = AM^2 + CM^2$ で計算する．この計算は中学3年生なら十分できる．もちろん電卓を使わせるのであるが．彼の計算の結果は次のように書かれている．この計算をすべてソロバンでやったのだから，大変だったと思う．

正　　8角形の周 = 3.0614 6745 8920 7181 7384

正　　16角形の周 = 3.1214 4515 2258 0523 7021 3

正　　32角形の周 = 3.1365 4849 0545 9393 4985 3

正　　64角形の周 = 3.1403 3115 6954 753

正　　128角形の周 = 3.1412 7725 0932 7729 1340 16

正　　256 角形の周 = 3.1415 1380 0114 4301 1284 48

正　　512 角形の周 = 3.1415 7294 0367 0914 3516 2

正　 1024 角形の周 = 3.1415 8772 5277 1597 6659

正　 2048 角形の周 = 3.1415 9142 1511 1867 3329 6

正　 4096 角形の周 = 3.1415 9234 5570 1046 7614 71

正　 8192 角形の周 = 3.1415 9257 6584 8605 1686 81

正 16384 角形の周 = 3.1415 9263 4338 5529 8

正 32768 角形の周 = 3.1415 9264 8777 6988 6924 8

小数点以下の桁数が不揃いになっているのが気になるが，正しい円周率は $\pi = 3.1415\,9265\,3$ であるから，彼の計算は小数点以下 7 桁まで正しいわけである．私も 10 桁の電卓で計算してみたら次のようになった：

正　8 角形の周 = 3.0614 6745 9

正 16 角形の周 = 3.1214 4515 3

計算方法は，単純な繰り返しだから根気よく間違いのないように続ければよいわけである．

　正多角形の辺数を増やしていけば，いくらでも π の詳しい値は求まるが，昔は筆算でやっていたのだから大変である．この方法による計算競争はドイツのルドルフ (Ludolf van Ceulen, 1540 ～ 1610) が正 2^{62} 角形の周の長さを計算して円周率を小数点以下 35 桁まで求めたところで終わる．ルドルフは死ぬまでこの計算を続けたといわれている．ドイツでは彼の業績を称えて，π をルドルフ数 (Ludolphsche Zahl) と呼ぶそうである．

　ルドルフ以後は π を無限級数で表す方法などが発見され，それを利用して計算するようになる．特に第 2 次大戦後にはコンピュータが発達して，それによって数万桁まで計算できるようになっていった．2002 年 12 月 6 日の新聞に東京大学情報基盤センターと日立製作所の共同チームが最新のスーパーコンピュータを使って円周率を小数点以下 1 兆 2 千 4 百 11 桁まで計算したと報じられていた．こうなると計算された数値がどこまで正しいのか確か

めようがない．円周率の実用的な値は 3.14 で十分だし，何百桁の円周率を求めても実用上何の価値もない．コンピュータの性能試験や知的好奇心からそういう計算をするのだと思う．

4-4 ギリシアのアルキメデスの円の研究

西洋で円の面積とか円周率の数値を最初に理論的に研究したのは紀元前3世紀のギリシアのアルキメデスである．有名なユークリッドの『原論』には第12巻の命題2に「円(の面積)は互いに直径上の正方形に比例する」と書かれているだけで具体的な計算法は示されていない．つまりユークリッド幾何を勉強しただけでは円の面積は計算できないのである．

さて，アルキメデスは『円の計測』という論文で次のような命題を証明している：

命題1 円の面積は，直角を挟む1辺が半径に等しく，底辺が円周に等しい直角三角形の面積に等しい．

これは，円の面積 = 円周 × 半径 × $\frac{1}{2}$ という計算で，半径を r とすると，円の面積 = $2\pi r \times r \times \frac{1}{2} = \pi r^2$ となる．

この命題1は，古代中国の円の計算で，「円周の半分 × 直径の半分」というもっとも基本とされた計算法である．アルキメデスの円周の長さの研究もこの公式の証明から始まるのである．

(証明) いま，円の面積 S が直角三角形の面積 E より大きい，つまり $S > E$ と仮定してみよう．

円に内接する正4角形をもとに，正8角形，正16角形，…，正 n 角形(面積 s_n)をつくる．このとき，円と正 n 角形との間にできる弓形の面積の和は，n を増やしていくと，限り無く小さくなっていく．

そこで，差 $S - s_n$ が $S - E$ より小さくなったとする．つまり，$S - E > S - s_n$ とすると，$s_n > E$ ……(1) である．いま，円の中心から内接正 n 角形の 1 辺へ垂線 ON を引くと，ON < 円の半径，内接正 n 角形の周 < 円周 である．

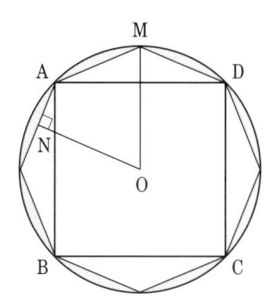

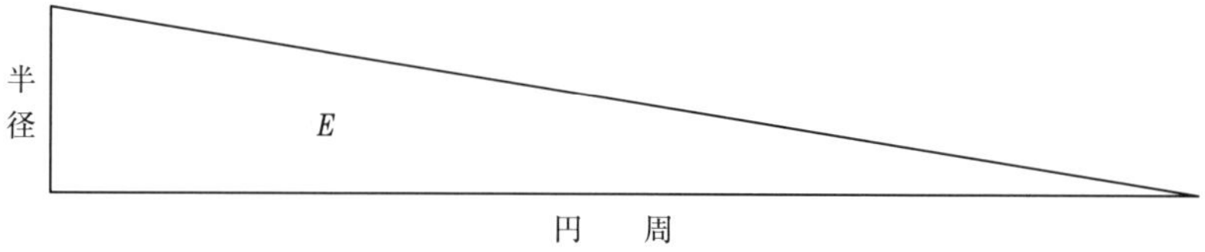

$$s_n = 1\text{辺} \times \text{ON} \times \frac{1}{2} \times n = (1\text{辺} \times n) \times \text{ON} \times \frac{1}{2}$$

$$= \text{正}\, n\,\text{角形の周} \times \text{ON} \times \frac{1}{2} < \text{円周} \times \text{半径} \times \frac{1}{2} = E$$

つまり，$s_n < E$ ……(2) である．これは (1) と矛盾する．ゆえに，$S > E$ という最初の仮定はありえない．

(注) この証明の根拠になっているのは「円に内接する多角形と円との間にできる隙間の面積は，多角形の辺数を多くしていくと，はじめに与えられた面積よりも小さくすることができる」ということである．

次は，$S < E$ と仮定する．円に正方形を外接させて，円弧を 2 等分して，接線を引いて外接正 8 角形をつくる．同じ方法を繰り返して，外接正 16 角形，…，外接正 n 角形をつくる．外接正 n 角形の周 > 円周 である．

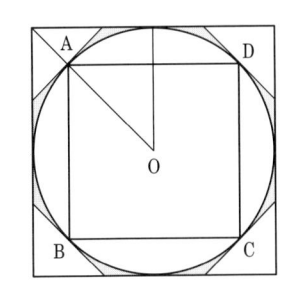

辺数を増やしていくと，外接正 n 角形の面積 S_n と円の面積 S との差は次第に小さく

なっていく．そこで，この差が直角三角形と円との差より小さくなったとする．つまり，$S_n - S < E - S$ とすると，$S_n < E$ ……(3) である．

$$S_n = 外接正 n 角形の 1 辺 \times 円の半径 \times n \times \frac{1}{2}$$

$$= 外接正 n 角形の周 \times 半径 \times \frac{1}{2}$$

$$> 円周 \times 半径 \times \frac{1}{2} = E$$

つまり，$S_n > E$ ……(4) である．これは (3) と矛盾する．ゆえに，最初の仮定 $S < E$ はありえない．

以上から，$S > E$ でも $S < E$ でもない．つまり $S = E$ である．

命題 2 円の面積と，その直径を 1 辺とする正方形の面積の比は 11：14 である．（円の面積は外接正方形の面積の 11/14 である）

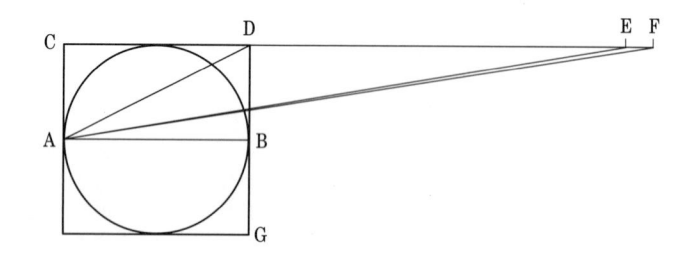

(証明) 直径 AB の円に正方形 CG を外接する．CD を延長してその上に，$DE = 2\,CD$, $EF = \frac{1}{7}CD$ となるように，E, F をとり AE, AF を結ぶ．

$\triangle ACE : \triangle ACD = 3 : 1 = 21 : 7,\qquad \triangle ACD : \triangle AEF = 7 : 1$

ゆえに，

$\triangle ACF : \triangle ACD = (\triangle ACE + \triangle AEF) : \triangle ACD = (21 + 1) : 7 = 22 : 7$

ところが，正方形 $CG = 4\,\triangle ACD$, $\triangle ACF = 円 AB$

アルキメデスは，命題 1 の三角形 E で円周を直径の $3 + \dfrac{1}{7} = \dfrac{22}{7}$ として

4-4 ギリシアのアルキメデスの円の研究

いる．△ACF の面積を円の面積としているのである．

$$\triangle\text{ACF}(円) : \triangle\text{ACD}(正方形の\frac{1}{4}) = 22 : 7,$$

$$\triangle\text{ACF} : 正方形\text{CG} = 22 : 28 = 11 : 14$$

命題 2 は，外接正方形の一辺は $2r$ であるから，面積は $4r^2$，したがって，円の面積：外接正方形の面積 $= \pi r^2 : 4r^2 = \pi : 4$ であり，π を $\frac{22}{7}$ とすると，$\frac{22}{7} : 4 = 22 : 28 = 11 : 14$ になるということである．

このように，具体的な数値を示しているところが，『原論』と異なる．

命題 3 直径 $\times \left(3 + \frac{10}{71}\right) <$ 円周 $<$ 直径 $\times \left(3 + \frac{1}{7}\right)$ である．

（つまり $3 + \frac{10}{71} < \pi < 3 + \frac{1}{7}$ である）

$3 + \frac{10}{71} = \frac{223}{71} = 3.14084$, $3 + \frac{1}{7} = \frac{22}{7} = 3.14285$, $\pi = 3.14159265$ だから，小数点以下 2 桁の 3.14 までしか正しくない．

ところで，命題 3 の証明では円に内外接する 正 96 角形の 1 辺：直径 の比を幾何学的方法で計算して求めている．以下に使われている定理，たとえば $a > b$ ならば $a : c > b : c$ のようなものはすべて『原論』第 5 巻の「比例論」と 7～9 巻の「数論」で証明されているものである．

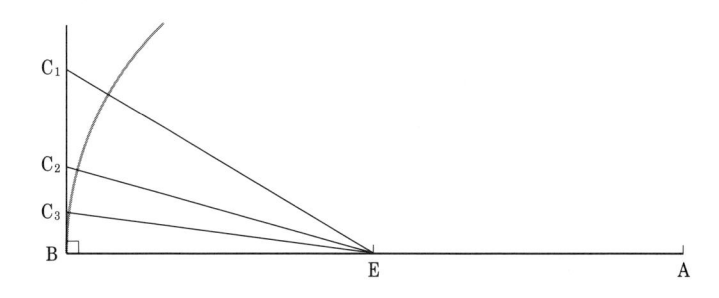

直径 AB, 中心 E の円の B における接線を BC_1 とし, $\angle C_1 EB = \dfrac{1}{3}$ 直角 (30 度) とする. $2BC_1$ は外接正 6 角形の 1 辺の長さである.

$$EB : BC_1 (= \sqrt{3} : 1) > 265 : 153 \quad \cdots\cdots (1)$$

こういう数値は直観によって求めたものであろう. $265/153 = 1.732026\cdots$, $\sqrt{3} = 1.7320508\cdots$ である.

$$EC_1 : BC_1 (= 2 : 1) = 306 : 153 \quad \cdots\cdots (2)$$

$\angle C_1 EB$ を EC_2 によって 2 等分したとする.

$C_1 E : EB = C_1 C_2 : BC_2$, $(C_1 E + EB) : EB = (C_1 C_2 + BC_2) : BC_2$

であるから, $(C_1 E + EB) : (C_1 C_2 + BC_2) = EB : BC_2$ になる. したがって

$$(C_1 E + EB) : BC_1 = EB : BC_2$$

(1), (2) より,

$$BE : BC_2 > (306 + 265 =) 571 : 153 \quad \cdots\cdots (3)$$

$\triangle C_2 BE$ に三平方の定理を適用して

$$(EC_2)^2 : (BC_2)^2 = \{(BE)^2 + (BC_2)^2\} : (BC_2)^2$$
$$> (571^2 + 153^2) : 153^2 = 349450 : 23409$$

ゆえに

$$EC_2 : BC_2 > \sqrt{349450} : \sqrt{23409} = 591\dfrac{1}{8} : 153 \quad \cdots\cdots (4)$$

$\sqrt{349450} = 591.142\cdots$ であるが, 当時は端数を全て分数で表した. $0.142\cdots$ は $1/7$ か $1/8$ だが, アルキメデスは $1/8$ を採用した.

$\angle C_2 EB$ を 2 等分して EC_3 をつくる. 同じ論法によって

$EC_2 : EB = C_2 C_3 : BC_3$, $(EC_2 + EB) : EB = (C_2 C_3 + BC_3) : BC_3$,

$(EC_2 + EB) : EB = BC_2 : BC_3$, $(EC_2 + EB) : BC_2 = EB : BC_3$,

$EB : BC_3 = (EC_2 + EB) : BC_2 > \left(591\dfrac{1}{8} + 571\right) : 153 = 1162\dfrac{1}{8} : 153$

$2BC_3$ は円に外接する正 24 角形の 1 辺の長さを表している. よって,

4-4 ギリシアのアルキメデスの円の研究

外接24角形の周：直径 $= 2\,\mathrm{BC}_3 \times 24 : 1162\frac{1}{8}$

$$= 153 \times 24 : 1162\frac{1}{8}\,(= 3.159728\cdots : 1)$$

同様にして，

$\angle \mathrm{C}_3\mathrm{EB}$ を2等分して EC_4 をつくると　　$\mathrm{EB} : \mathrm{BC}_4 > 2334\frac{1}{4} : 153$

$\angle \mathrm{C}_4\mathrm{EB}$ を2等分して EC_5 をつくると　　$\mathrm{EB} : \mathrm{BC}_5 > 4673\frac{1}{2} : 153$

$2\,\mathrm{EB} : 2\,\mathrm{BC}_5 =$ 直径：外接正96角形の1辺 $> 4673.5 : 153$

直径：外接正96角形の周 $> 4673.5 : 153 \times 96 = 4673.5 : 14688$

14688は4673.5の3倍よりも667.5だけ超過しているが，この超過分は4673.5の1/7より小さい．（以下，分数は面倒なので小数に改める）

$$14688 \div 4673.5 = 3 + \frac{667.5}{4673.5} < 3 + \frac{667.5}{4672.5} = 3 + \frac{1}{7}$$

次に内接正96角形の1辺を計算する．直径ACの円の中心をEとする．周上に点 B_1 をとり，$\angle \mathrm{B}_1\mathrm{AC} = \frac{1}{3}$ 直角（30度）とする．

$\mathrm{AB}_1 : \mathrm{B}_1\mathrm{C} = \sqrt{3} : 1 < 1351 : 780\,(= 1.7320512\cdots : 1)$

$\mathrm{AC} : \mathrm{B}_1\mathrm{C} = 2 : 1 = 1560 : 780$

$\angle \mathrm{B}_1\mathrm{AC}$ を AB_2 で2等分する．

$\angle \mathrm{B}_2\mathrm{AC} = \angle \mathrm{B}_1\mathrm{AB}_2 = \angle \mathrm{B}_2\mathrm{CB}_1$（同じ弧 $\mathrm{B}_1\mathrm{B}_2$ 上の円周角），
ゆえに，$\triangle \mathrm{B}_2\mathrm{CG}$ と $\triangle \mathrm{B}_2\mathrm{AC}$ は等角（相似）である．

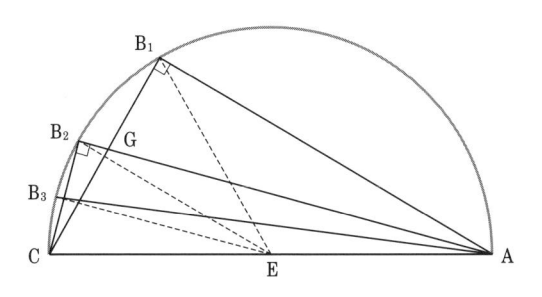

$$AB_2 : B_2C = B_2C : B_2G = AB_1 : B_1G = AC : CG$$

また,
$$AC : CG = (AC + AB_1) : (CG + B_1G)$$
$$= (CA + AB_1) : B_1C = AB_2 : B_2C$$

以上から,
$$AB_2 : B_2C < (1560 + 1351) : 780 = 2911 : 780 \quad \cdots\cdots (1)$$
$$(AC)^2 : (B_2C)^2 = \{(AB_2)^2 + (B_2C)^2\} : (B_2C)^2$$
$$< (2911^2 + 780^2) : 780^2 = 9082321 : 608400$$

ゆえに,
$$AC : B_2C < 3013\frac{1}{2}\frac{1}{4} : 780 \quad \cdots\cdots (2)$$

B_2C は内接正 12 角形の 1 辺である．端数を単位分数の和で表しているのはエジプトの影響であろう．実際の端数は $0.688\cdots$ である．

さらに, $\angle CAB_2$ を AB_3 で 2 等分し, 同じ論法を繰り返していく.

$$AC : B_3C < 1838\frac{9}{11} : 240, \quad B_3C は内接正 24 角形の 1 辺である.$$

$$AC : B_4C < 1009\frac{1}{6} : 66, \quad B_4C は内接正 48 角形の 1 辺である.$$

最後に
$$AC : B_5C < 2017\frac{1}{4} : 66 \quad \cdots\cdots (3)$$

を得るが, B_5C は内接正 96 角形の 1 辺である．

$$内接正 96 角形の周 : 直径 = 96 \times B_5C : AC < 96 \times 66 : 2017\frac{1}{4}$$
$$= 6336 : 2017\frac{1}{4} > 3\frac{10}{71}$$

実に巧妙に初等幾何学の知識を使っているのであるが, アルキメデスの根気の良さも伺われる.

5. 角錐・円錐・球の求積

5-1 角錐・円錐の体積の求め方の説明

　中学の数学教科書には「角錐・円錐の体積は，底面積が等しく，高さも等しい角柱・円柱の体積の 1/3 であることがわかっている」と書かれていて，なぜそうなるのか理由の説明はほとんどない．昔は小学校で教えられたが，実験で確かめるようになっていた．師範学校の付属小学校などでは数学実験室をもっているところがあり，いろいろな模型などが備えられていて，生徒たちに実験させたものである．現在ではそれすらも行われていない．数学の教育では"なぜ""どうして"を考えさせることが重視されている．ところが，この問題では結果を教えて覚えさせるだけのことになっている．少しは，納得のいくような説明方法を考えられないものだろうか．正の数・負の数の計算方法などは，具体的な問題と結びつけて，計算の規則を説明しようと努力しているのに比べると大きな違いである．

　角錐の体積が等底等高の角柱の体積の 1/3 に等しいということはかなり古くから知られていたようである．ユークリッドの『原論』第 12 巻に「角錐（円錐）はそれと同じ底面および高さをもつ角柱（円柱）の 1/3 である」という命題がでている．この命題の前に「三角形を底面とするすべての角柱は，三角形を底面とし高さの等しい 3 つの角錐に分けられる」という命題がでている．次頁の図で三角柱 DEF-ABC が，3 つの角錐 C-ABD, C-DEB, D-EFC に分けられることが示されている．C-ABD と C-DEB は底面の △ABD と △DEB は等しく，頂点 C を共有しているから高さも等しいことがわかる．また，C-DEB を D を頂点と考えて D-CEB としても

同じであるが，D-CEB と D-EFC は，底面の △CEB と △EFC は合同で，頂点 D を共有しているから高さも等しいことになる．

以上の結果から，3つの三角錐 C-ABD，C-DEB，D-EFC は等底等高だから体積が等しいことがわかる．これから，三角錐の体積は等底等高の三角柱の体積の 1/3 であると説明される．

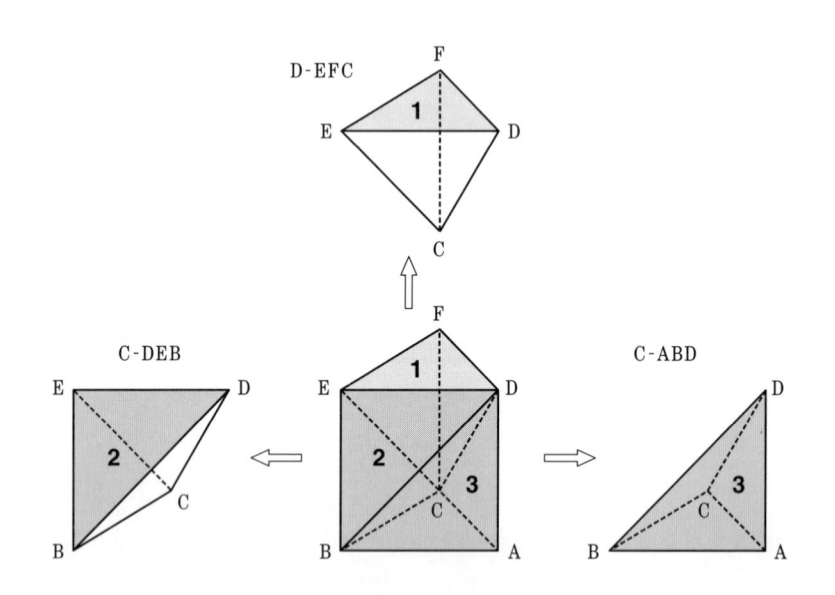

『原論』では等底等高の角錐の体積が等しいことは「取りつくし法」という特殊な証明法で行われているが，これは中学生にはとても理解できない．また，上のような3分割は実際に模型を作ってみてもわかりやすいとはいえない．

さて，この説明では"等底等高なら体積が等しい"ということが前提になっているから，本来ならその証明をしなければならないが，これは次頁の上のような図によってある程度は理解させることができると思う．左は正四角錐で，右はそれを斜めにしたものである．正四角錐を大きさの違う沢山の正方形の薄い板を積み重ねたものと考える．それを少し斜めにずらして重ねる

と斜角錐ができる．底面から等しい高さにある断面の正方形の面積は等しいから，それを底面とする薄い板の体積も等しい．角錐をそれらの集まりと考えれば体積が等しいことが理解できる．

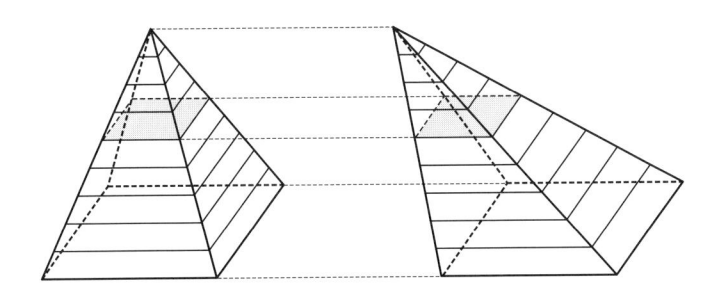

もっと簡単なのは，平面にした場合で，底辺と高さの等しい三角形を沢山の長方形の和と考えることである．平面図形は平行な糸で織られた織物，立体図形は薄い紙を積み重ねた書物のようなものであるといった考え方はイタリアのカバリエリが1635年に著した『連続量の不可分の幾何学』に述べられている．

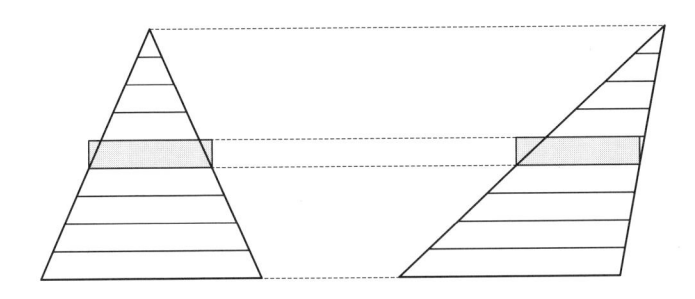

円柱や円錐は底面の円を辺数の多い多角形と考えれば角柱・角錐の場合から円錐の体積は円柱の体積の 1/3 だと推理できる．

ユークリッドのように理論的ではないが，古代中国でも『九章算術』の巻第5「商功(しょうこう)」に次頁の上のような図解がでている．

立方体を底面が正方形で高さが正方形の1辺に等しい合同な3つの四角錐

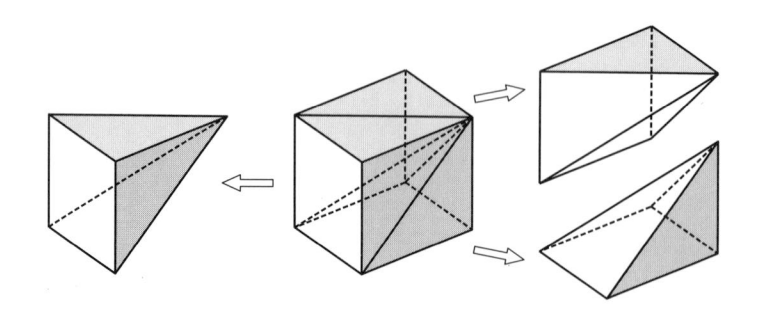

に分割するものである．この模型はつくりやすいし，非常にわかりやすい．

江戸時代の数学書『改算記』(山田正重著，1659年)にでている下の図解も面白い．

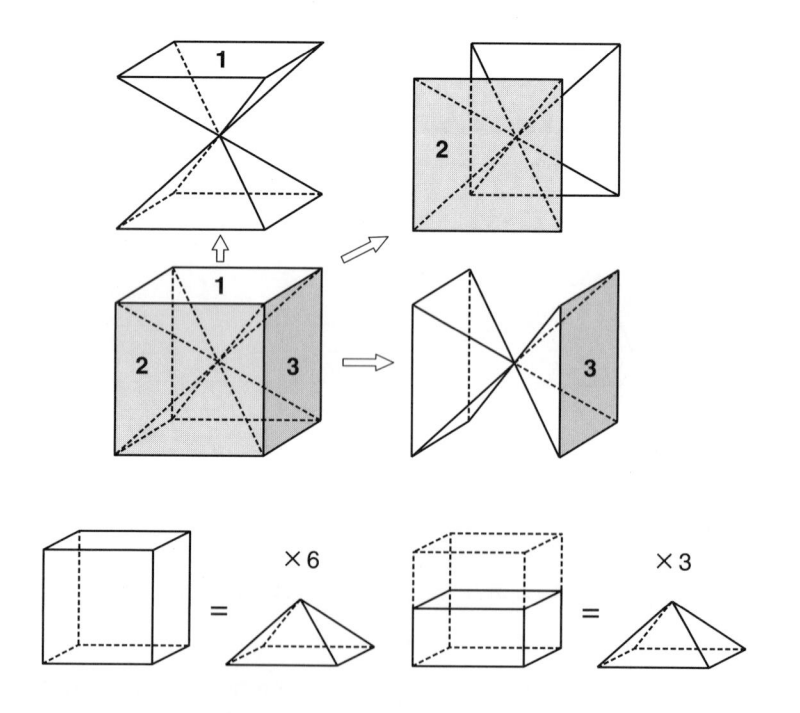

1辺が1尺の立方体を図のように，底面が1辺1尺で高さが5寸(0.5尺)の正四角錐6個に分割する方法である．

5-1 角錐・円錐の体積の求め方の説明

この図から，底面が1辺1尺で高さが0.5尺の正四角柱の体積は，等底等高の正四角錐の体積の3倍であることがわかるというわけである．これもなかなかうまい説明法である．

さて，これまでの説明は図を利用した直観的な方法だったが，もう少し理論的に説明できないだろうか．

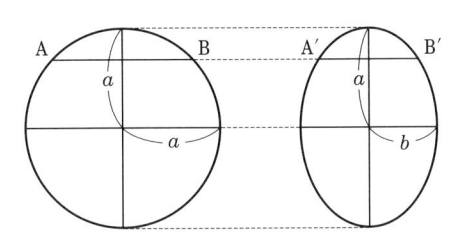

前に述べたようにカバリエリは面を無数の線の集まりと考えて，求積の問題を説明した．例えば，楕円は円を一定方向に一定の割合で縮小したものと考える．図のように半径 a の円を b/a の割合で縮小すると楕円ができる．すると，図の AB と A′B′ の比は $a:b$ である．円の面積は AB の集まり，楕円の面積は A′B′ の集まりと考えれば，円の面積：楕円の面積 $= a:b$ となる．円の面積は πa^2 であるから楕円の面積は $\pi a^2 \times \dfrac{b}{a} = \pi ab$ のように計算できるのである．

このように幅のない長さを使ってうまく計算はできるが，個々の図形の求積では幅のない線はいくら加えても面積にはならない．そこで前に述べたように，三角形を薄い幅の長方形の和として計算する方法を考えてみる．

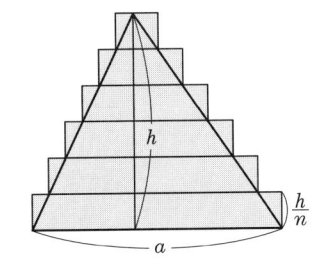

底辺 a，高さ h の三角形を，高さを n 等分して，厚さ $\dfrac{h}{n}$ の n 個の長方形の和と考える．これらの長方形の横の長さは上から $\dfrac{a}{n}, \dfrac{2a}{n}, \dfrac{3a}{n}, \ldots, \dfrac{(n-1)a}{n}, \dfrac{na}{n}$ であるから，これらの長方形の面積の和は次のように計算できる：

$$S = \left\{\frac{a}{n} + \frac{2a}{n} + \frac{3a}{n} + \cdots + \frac{(n-1)a}{n} + \frac{na}{n}\right\} \times \frac{h}{n}$$

$$= \{1 + 2 + 3 + \cdots + (n-1) + n\} \times \frac{ah}{n^2}$$

ところで,$1 + 2 + 3 + \cdots + (n-1) + n = \dfrac{n(n+1)}{2}$ であるから

$$S = \frac{n(n+1)}{2} \times \frac{ah}{n^2} = \frac{ah}{2}\left(1 + \frac{1}{n}\right)$$

ここで分割を多くしていくと,つまり n を限りなく大きくしていくと,$\dfrac{1}{n}$ は限りなく 0 に近づいてゆくから,上の式は $S = \dfrac{ah}{2}$ となる.

さて,これと同じ方法を三角錐に適用してみよう.三角錐の高さ h を n 等分して,図のような三角柱の和と考える.分割を限りなく多くしてゆくとこれらの三角柱の和は次第に三角錐の体積に近づいてゆく.

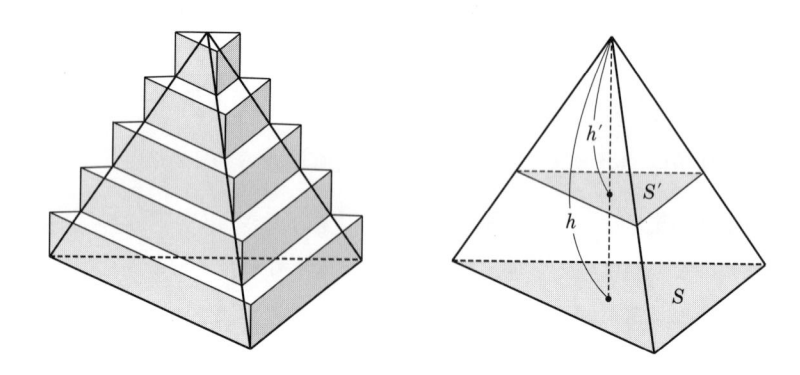

さて,三角錐を底面に平行な平面で切ったとき,切り取られた小さい三角錐の底面積を S',高さを h' とする.切り取られた小さい三角錐はもとの三角錐と相似で,相似比は $h' : h$ である.底面積の比は相似比の 2 乗比に等しいから,$S' : S = (h')^2 : h^2$ である.

三角錐の高さ h を n 等分したとすると,切り取られる小さい三角錐の高

さは，上から $\frac{h}{n}, \frac{2h}{n}, \frac{3h}{n}, \cdots, \frac{(n-1)h}{n}, \frac{nh}{n}$ となる．この値を上の h' に代入すると，S'/S は次のようになる：

$$\left(\frac{h}{n}\right)^2/h^2 = \left(\frac{1}{n}\right)^2, \quad \left(\frac{2h}{n}\right)^2/h^2 = \left(\frac{2}{n}\right)^2, \quad \cdots\cdots,$$

$$\left(\frac{(n-1)h}{n}\right)^2/h^2 = \left(\frac{n-1}{n}\right)^2, \quad \left(\frac{nh}{n}\right)^2/h^2 = 1$$

そうすると，三角柱の底面積は上から順に次のようになる：

$$S \times \left(\frac{1}{n}\right)^2, \quad S \times \left(\frac{2}{n}\right)^2, \quad \cdots\cdots, \quad S \times \left(\frac{n-1}{n}\right)^2, \quad S$$

これに高さ $\frac{h}{n}$ を掛けたものが三角柱の体積になるから，それらの和は

$$\frac{hS}{n^3}\{1^2 + 2^2 + \cdots + (n-1)^2 + n^2\} \quad \cdots\cdots(*)$$

となる．$\{\ \}$ 内の計算は次のように行う：

$$(n+1)^3 = n^3 + 3n^2 + 3n + 1, \quad (n+1)^3 - n^3 = 3n^2 + 3n + 1$$

後の式に $n = 1, 2, 3, \cdots, n-1, n$ を代入すると

$2^3 - 1^3 = 3 \cdot 1^2 + 3 \cdot 1 + 1,$

$3^3 - 2^3 = 3 \cdot 2^2 + 3 \cdot 2 + 1,$

$4^3 - 3^3 = 3 \cdot 3^2 + 3 \cdot 3 + 1, \quad \cdots\cdots$

$n^3 - (n-1)^3 = 3(n-1)^2 + 3(n-1) + 1,$

$(n+1)^3 - n^3 = 3 \cdot n^2 + 3 \cdot n + 1$

これらの式を辺々加えると次のようになる：

$(n+1)^3 - 1^3 = 3(1^2 + 2^2 + 3^2 + \cdots + n^2) + 3(1 + 2 + 3 + \cdots + n) + n,$

$\begin{aligned}3(1^2 + 2^2 + \cdots + n^2) &= (n+1)^3 - 3(1 + 2 + \cdots + n) - n - 1 \\ &= (n+1)^3 - 3 \cdot \frac{n(n+1)}{2} - n - 1 \\ &= n^3 + 3n^2 + 3n + 1 - \frac{3n^2}{2} - \frac{3n}{2} - n - 1 \\ &= n^3 + \frac{3n^2}{2} + \frac{n}{2}\end{aligned}$

以上から

$$1^2 + 2^2 + \cdots + n^2 = \frac{1}{6}(2n^3 + 3n^2 + n) = \frac{1}{6}n(n+1)(2n+1)$$

この関係を前頁の式（＊）に代入すると

$$\frac{hS}{6n^3}(2n^3 + 3n^2 + n) = hS\left(\frac{1}{3} + \frac{1}{2n} + \frac{1}{6n^2}\right)$$

ここで n を限りなく大きくしてゆくと，この値は $\frac{hS}{3}$ に近づいてゆくことがわかる．

　円錐の場合も同様に無数の円柱の和として計算することができるが，円錐は底面の円に内接する多角形の辺数を無限に大きくした角錐と考えれば，角錐で示された 体積 $= \frac{1}{3}$（底面積 × 高さ）の関係は納得できるであろう．

5-2　球の表面積と体積の求め方の説明

　ギリシアのアルキメデスは『球と円柱について』という論文の中で次のように述べている：

　「任意の円はその円周に等しい辺とその半径に等しい高さの三角形の面積に等しいという事実から判断して，私は同様に，任意の球はその球の表面に等しい底面とその半径に等しい高さの円錐の体積に等しいと考えた．その結果，球の体積はその球の大円を底面とし，その半径を高さとする円錐の4倍であるという定理から，任意の球の表面積はその球の大円の面積の4倍であるということを考えついた」

　アルキメデスは『円の測定について』という論文で，

$$円の面積 = 円周の長さ \times 半径 \times \frac{1}{2}$$

を証明している．この結果から

$$球の体積 = 球の表面積 \times 半径 \times \frac{1}{3}$$

となるのではないかと考えたというのである．

彼は，球の体積 = 球の大円の面積 × 半径 × $\frac{1}{3}$ × 4 から，

$$球の表面積 = 大円の面積 \times 4$$

を考えついたといっているのである．大円というのは球の中心を通る平面で球を切ったときの切り口の円で，半径 r の球なら大円の半径も r である．

現在では，右図のように球を，球の中心を頂点とし，球の表面部分を底面とする無数の円錐の和と考える．すると小さい無数の底面の和は球の表面積になり，円錐の高さは半径であるから，アルキメデスのいう式が成り立つことを容易に予想することができる．

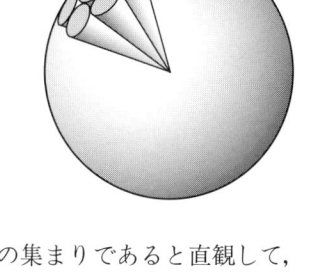

有名な和算家である関孝和も，球を，中心を頂点，球面を底面，半径を高さとする円錐の集まりであると直観して，球の体積 = 球の表面積 × 半径 ÷ 3 を発見したといわれている．そしてこれから，球の表面積 = 球の体積 × 3 ÷ 半径 という関係を導いたという．球の体積 = $\frac{\pi d^3}{6}$（d：直径）はわかっていたので，これを上式に代入して球の表面積 = πd^2 を求めたわけである．

さて，球の体積についてユークリッドの『原論』（第 12 巻 命題 18）には"球は直径の 3 乗に比例する"と書かれているだけである．もともとユークリッド幾何学を勉強しても実際に面積や体積を計算することはできない．ユークリッドの講義を聞いた学生が，それを勉強して何の役に立つのかと質問して，教室から追い出されたという逸話を図形編 1-2 項で述べたが，学問はそれに興味関心のある人が学ぶものであって日常生活に役立つかどうかとい

ったことは問題外だったのである．幾何学学習の副産物として，頭脳や精神の陶冶があげられていた．ところが，同じギリシアの数学者でもアルキメデスは数学を実際に活用した人として知られている．例えば，「円周は直径の $3+10/71$ より大きく，$3+1/7$ より小さい，円の面積とその直径上の正方形の面積との比は 11：14 である」といったように現実的である．彼の『球と円柱について』という論文には次のようなことが証明されている．

① 球の表面積は大円の4倍である．
② 球の体積は，球の大円に等しい底面と球の半径に等しい高さをもつ円錐の体積の4倍に等しい．
③ 球の大円に等しい底面と球の直径に等しい高さをもつ円柱は球の体積の 3/2 倍である．
④ その表面積も球の表面積の 3/2 倍である．

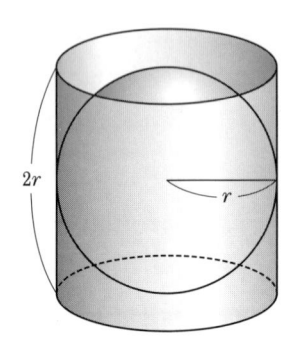

アルキメデスの発見した関係を数式で表してみると次のようになる：

①は 球の表面積 $= 4\pi r^2$，

②は 球の体積 $= \pi r^2 \times r \times \dfrac{1}{3} \times 4 = \dfrac{4\pi r^3}{3}$，

③は，円柱の体積が $\pi r^2 \times 2r = 2\pi r^3$ だから $2\pi r^3 \div \dfrac{4\pi r^3}{3} = \dfrac{3}{2}$，

④は，円柱の表面積は上下円で $2\pi r^2$，側面は展開すると横が円周で縦が直径の長方形になるから，面積 $2\pi r \times 2r = 4\pi r^2$，合計すると $6\pi r^2$ だから $6\pi r^2 \div 4\pi r^2 = \dfrac{3}{2}$ である．

さて，球の求積では，表面積と体積の関係はある程度納得のいく説明ができるから，もし，一方が理論的に説明できれば，他方はそれを利用して導きだすことができる．

5-2 球の表面積と体積の求め方の説明

そこでまず，球の表面積の求め方を次の手順で考えてみよう．

直円錐の底面に正 n 角形を内接させ，n 角形の頂点と円錐の頂点とを結ぶと正 n 角錐ができる．この正 n 角錐の側面は n 個の合同な二等辺三角形からできている．したがって，

正 n 角錐の側面積
$$= \frac{1}{2}(\text{正 } n \text{ 角形の一辺} \times \text{側面の二等辺三角形の高さ}) \times n$$

正 n 角形の一辺を a，側面の二等辺三角形の高さを h，直円錐の底面の半径を r とすると上の式は $\dfrac{nah}{2}$ のように書ける．

ここで，正 n 角形の辺数を増やしてゆくと na は次第に円錐の底面の円周 $2\pi r$ に近づいてゆく．また側面の二等辺三角形の高さは次第に円錐の母線 s に近づいてゆく．これから次の式が成り立つことがわかる：

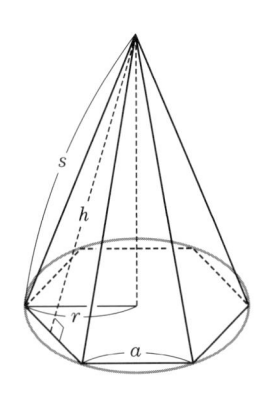

$$\text{直円錐の側面積} = \frac{1}{2} \times 2\pi r \times s = \pi rs$$

現行の中学 1 年の教科書でも円錐の側面積の計算が説明されている．底面の半径 r，母線の長さ l の円錐の展開図を描く．図で，扇形 AOB の弧 AB の長さは $2\pi r$，半径 l の円周は $2\pi l$，弧 AB の長さは円周の $2\pi r \div 2\pi l = \dfrac{r}{l}$ 倍 である．中心角も $360°$ の $\dfrac{r}{l}$ 倍である．扇形の面積は中心角に比例するから円の面積の $\dfrac{r}{l}$ 倍である．したがって，

$$\text{扇形 AOB の面積} = \pi l^2 \times \frac{r}{l} = \pi rl$$

である．

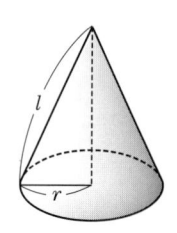

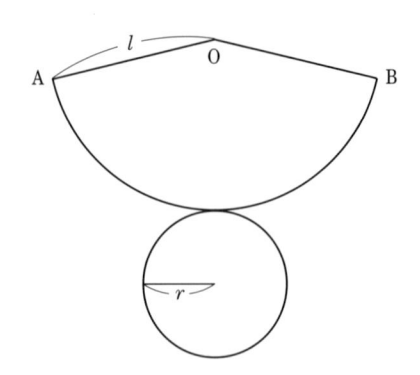

もっとも，扇形の面積なら右のような図で $\dfrac{lr}{2}$ は簡単に理解させることができるから，これを利用してもよい．

普通，円錐の表示は底面の半径と高さによってなされるのだから，母線での表示は例外である．学習指導要領では中学1年で円錐の側面積を扱うことになっているのでこういう次第になっているのである．底面の半径と高さからは三平方の定理を使わなければ母線の長さは求められないから中学1年生ではできない．

次に直円錐の側面積をもとにして直円錐台の側面積を計算する．

円錐台を2つの円錐の差と考えると，
$$円錐台の側面積 = \pi r_1 s_1 - \pi r_2 s_2$$
$$= \pi(r_1 s_1 - r_2 s_2)$$

円錐台の高さの $1/2$ にある断面円の半径を r とすると，$2r = r_1 + r_2$，また三角形の相似から $r_1 : r_2 = s_1 : s_2$，ゆえに $r_1 s_2 = r_2 s_1$．こ

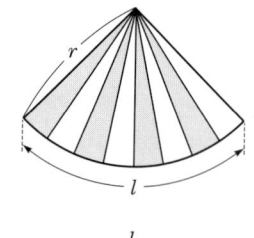

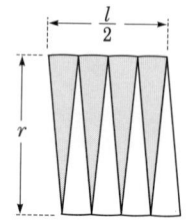

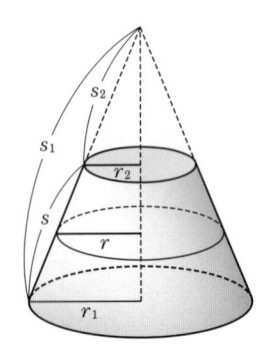

の関係を使うと

$$\text{円錐台の側面積} = \pi(r_1 s_1 - r_2 s_2)$$
$$= \pi(r_1 s_1 - r_1 s_2 + r_2 s_1 - r_2 s_2)$$
$$= \pi(r_1 + r_2)(s_1 - s_2)$$
$$= 2\pi r s$$

これだけの準備をしてから球の表面積の計算法を考える.

右の図は直径 AB, 中心 C の半円である. この半円を AB を軸として1回転すると球ができる. いま半円周 AB を n 等分した一部を PQ とする. 中心 C から弦 PQ への垂線を CM とすると, M は PQ の中点になる. P, M, Q から AB へ垂線 Pp, Mm, Qq を引く. P から Qq へ垂線 Pk を引く.

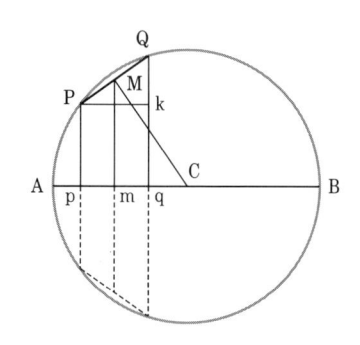

△PkQ と △MmC は相似だから Pk : PQ = Mm : MC. PQ, Pk = pq, Mm, MC の長さをそれぞれ s, d, y, h で表すと

$$d : s = y : h \quad \therefore \quad ys = hd$$

PQ が回転してできる円錐台の側面積は上で計算したように $ys = hd$ だから $2\pi ys = 2\pi hd$. 分割を多くしてゆくと, 円錐台の側面積の和は球の表面積に近づく. $pq = d$ についての和を求めると $\sum 2\pi hd = 2\pi \sum hd$. ここで, 分割を多くしてゆくと $h \to r$, $\sum d \to 2r$ であるから, 上の式は $2\pi \times r \times 2r = 4\pi r^2$ となる. これが球の表面積の公式である.

球の表面積を求めれば, それをもとにして体積の公式を導くことはそれほど困難ではない. ただ, それでは気に入らないという人には, 三角錐のときと同様に, 球を薄い円柱に分けて, それらの体積の和として計算することもできる.

半径 r の半球の高さ r を n 等分し, 次頁の図のように, それらの分点を

通って底面に平行な平面で切って，薄い円柱をつくる．これらの円柱の体積の和は分割を多くしてゆくと次第に半球の体積に近づいてゆく．

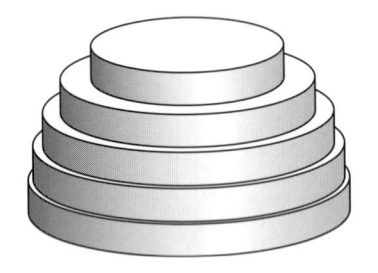

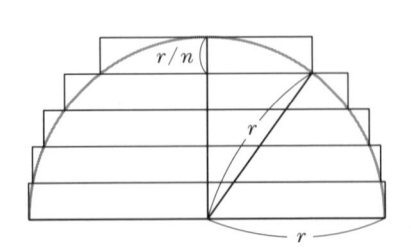

一番下の円柱の底面積は πr^2，下から2番目の円柱の底面積は $\pi\{r^2-\left(\frac{r}{n}\right)^2\}$，下から3番目の円柱の底面積は $\pi\{r^2-\left(\frac{2r}{n}\right)^2\}$，…，下から $n-1$ 番目，つまり上から2番目の円柱の底面積は $\pi\{r^2-\left(\frac{(n-2)r}{n}\right)^2\}$，下から n 番目，つまり一番上の円柱の底面積は $\pi\{r^2-\left(\frac{(n-1)r}{n}\right)^2\}$ となる．

これらに円柱の高さ $\frac{r}{n}$ を掛けたものが体積になるから，その和は次のような式になる：

$$\frac{\pi r}{n}\left[r^2+r^2-\left(\frac{r}{n}\right)^2+r^2-\left(\frac{2r}{n}\right)^2+\cdots+r^2-\left(\frac{(n-1)r}{n}\right)^2\right]$$

$$=\frac{\pi r}{n}\left[nr^2-\frac{r^2}{n^2}\{1^2+2^2+\cdots+(n-1)^2\}\right]$$

ここで｛ ｝内の計算は，角柱のところで求めた公式（p.168）

$$1^2+2^2+3^2+\cdots+n^2=\frac{1}{6}(2n^3+3n^2+n)$$

で，n のところへ $n-1$ を代入して $\frac{1}{6}(2n^3-3n^2+n)$ となる．これを代入すると

$$= \frac{\pi r}{n}\left\{nr^2 - \frac{r^2}{n^2}\cdot\frac{1}{6}(2n^3 - 3n^2 + n)\right\}$$

$$= \pi r^3 - \frac{\pi r^3}{3} + \frac{\pi r^3}{2n} - \frac{\pi r^3}{6n^2}$$

$$= \frac{2\pi r^3}{3} + \frac{\pi r^3}{2n} - \frac{\pi r^3}{6n^2}$$

ここで，分割を多くしてゆくと，つまり n を限りなく大きくしていくと，上の式は $\frac{2\pi r^3}{3}$ に近づいてゆく．この半球の体積を 2 倍した $\frac{4\pi r^3}{3}$ が球の体積になる．

5-3 和算家の球の体積の計算法

ところで日本の江戸時代初期の和算では球の体積の計算は，円の面積 = (直径)² × 0.79 で計算されていたので，それから類推して (直径)³ × 0.79² = (直径)³ × 0.5617 のように計算したり，あるいは $\left(\frac{3}{4}\right)^2 = \frac{9}{16} = 0.5625$ を直径の 3 乗に掛けたりして計算していた．0.79 は $\frac{3.16}{4}$，3.16 は $\sqrt{10}$ の近似値で，円周率として使われたこともあった．

中国でも日本でも，円の面積 = 円周の半分 × 直径の半分 という式は知られていたが，実際に計算するときは円周率を 3 としたので，円の面積 = (直径)² × $\frac{3}{4}$ という式を使っていた．そこで，球の場合はこれから類推して (直径)³ × $\left(\frac{3}{4}\right)^2$ と考えて計算していたらしいのである．また，円周率として 3 では余りにも大ざっぱなので，3.16 を使ったことがあるので，その場合は $\frac{3}{4}$ ではなく $\frac{3.16}{4} = 0.79$ となったわけである．

これらは概算にすぎないが，実際に球の体積を詳しく計算しようとする数

学者も現れた．和算家の村瀬義益は『算法勿憚改』(1673年)で直径1尺の球を1万枚の円板に分けて，その体積を計算して合計し，球の体積 = $0.5236d^3$ を求めている．円板の厚さはなんと 0.03 mm である．この計算を検算した村瀬の弟子の三宅賢隆は3年かかったといっている．よほど根気の有る人でないとできない．直径 d の球の体積は $\dfrac{\pi d^3}{6}$ で計算されるわけだから，$\dfrac{\pi}{6} = 0.5236\cdots$ で，村瀬の計算値がかなり正確なものであることがわかる．

　関孝和の弟子の建部賢弘には『綴術』(1722年)という数学の方法論を書いた珍しい著書がある．彼はこの本の中で次のように述べている：

「自分の師の関氏は，万法を理解するのに形を見てすぐに直感で計算法を見いだした．しかし自分のように愚かな者にはとてもそういうことはできない．どうしても少しずつ探っていかなければわからない」

「1回で術理がわからなければ，2回やってみる．それでも駄目なら3回試みてみる．こうして何回も繰り返しやってみればついには発見できないことはない．人はみな素質が違うので，問題に対する考え方も違い，解き方の上手，下手も当然でてくるだろう．頭のよい人は簡単に法則を見いだすかもしれないが，いつでも言えることは，問題をよく分析して，直接一つ一ついねいに計算していって，それらの結果をよりどころとして，根気よく観察してゆけば誰でも法則を発見できるということだ」

　建部は，この例として，球の体積を計算した数値から帰納的な方法で球の表面積を求める計算法を発見することを取り上げている．

　直径 1.001 尺の球の体積から直径 1 尺の球の体積を引くと，0.00157236764672 強 立方尺となる．これを厚さ 0.0005 尺 (5毛) で割ると表面積として 314.473529344 平方寸 = a が得られる．

　また，直径 1.00001 尺の球の体積から直径 1 尺の球の体積を引くと，

0.0000157081203492 強 立方尺 となる．これを厚さ 0.000005 尺 (5 忽) で割ると 314.162406984 強 $= b$ となる．

さらに直径 1.0000001 尺の球の体積から直径 1 尺の球の体積を引くと 0.000000157079648387 強 となる．これを厚さ 0.00000005 尺 (5 繊) で割ると，314.159296775 弱 $= c$ を得る．

建部は計算された数字の配列を観察して直観的に $(a-b)$, $(b-c)$, $(c-d)$, … が等比数列 (公比 r は約 1/100) をなすものと考えたのである．つまり，$(b-c) = r(a-b)$, $(c-d) = r(b-c)$, … と考えた．すると $c = b - (b-c)$, $d = c - (c-d) = b - (b-c) - (b-c)r$, … であるから，これから推理して次の式が得られる：

$$\text{球の表面積} = b - (b-c)(1 + r + r^2 + r^3 + \cdots)$$
$$= b - (b-c)\left(\frac{1}{1-r}\right)$$

この式に $r = \dfrac{b-c}{a-b}$ を代入して計算すると次の式が得られる：

$$\text{球の表面積} = b - \frac{(a-b)(b-c)}{(a-b)-(b-c)}$$

この式に a, b, c の値を代入して計算すると，球の表面積 $= 314.159265359$ が求まる．この数値から 球の表面積 $=$ (直径)$^2 \times$ 円周率 が発見できるというものである．

球の表面を薄い膜のように考えて，その体積を求め，それを厚さで割ると表面積が求まるという着想が面白い．このアイデアは円の面積から円周を求めることにも適用できる．半径 1.0001 cm の円の面積から半径 1 cm の円の面積を引くと 0.000628355 cm^2 となる．これを半径の差 0.0001 cm で割ると 6.28355 cm が得られる．半径 1 cm の円周の長さ 6.283185307 cm と比較してもかなり詳しい値であることがわかる．

芯の部分の直径が 4 cm，巻紙の外側の部分の直径が 12 cm のトイレッ

トペーパーの長さを計算してみよう．

　紙の巻いてある部分の断面積を計算すると $(6^2-2^2)\pi=32\pi\,\text{cm}^2$ であるから，紙の厚さを $0.02\,\text{cm}$ としてみると $32\pi\div0.02=5026\,\text{cm}$ となって，長さは約 $50\,\text{m}$ とわかる．商品に紙の長さが表示してあれば，それから紙の厚さを計算で求めることができる．長さが $90\,\text{m}$ と表示してあるトイレットペーパーの寸法を計ったら外側の直径が $11\,\text{cm}$，芯の部分の直径が $4\,\text{cm}$ あった．紙の巻いてある部分の断面積は $(5.5^2-2^2)\pi=26.25\pi\,\text{cm}^2$ であるから，これを紙の長さ $9000\,\text{cm}$ で割ると，$26.25\pi\div9000=0.009\,\text{cm}$ となり，紙の厚さは約 $0.1\,\text{mm}$ ということになる．

6. ヘロンの公式について

　高等学校学習指導要領(平成15年改正施行)の数学Ⅰ (3)「図形の計量」の"内容の取り扱い"に「三角形の面積をヘロンの公式で求めるなどの深入りはしないものとする」と書かれている．数学Ⅰの程度ではヘロンの公式を導きだすことは困難であると考えて，このようになったものであろう．もう一つの理由は，実際の地積測量では，三辺の他に高さを測って，底辺×高さ÷2によって計算されているので，実用的価値が少ないと判断されたのかもしれない．

　ヘロンの公式を幾何学的に導きだすことは初等幾何を知らない生徒にはかなり難しいことは確かであるが，三平方の定理を使って簡単な代数計算によって導きだすこともできるのである．それと，定理を導き出す過程には様々な数学的方法が使われるので，数学の問題としても興味深い．

6-1 ヘロンの公式の導き方

　普通，ヘロンの公式は三角比の応用として次のように扱われている(右図を参照)：

$$S = \frac{1}{2} bc \sin A$$
$$= \frac{1}{2} bc \sqrt{1 - \cos^2 A}$$

この根号の中を余弦定理

$$a^2 = b^2 + c^2 - 2bc \cos A$$

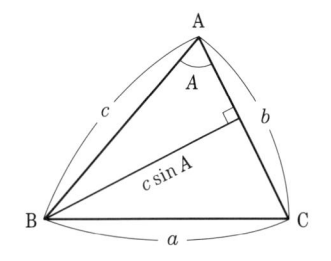

を使って次のように計算する：

$$1 - \cos^2 A = (1 + \cos A)(1 - \cos A)$$
$$= \left(1 + \frac{b^2 + c^2 - a^2}{2bc}\right) \times \left(1 - \frac{b^2 + c^2 - a^2}{2bc}\right)$$
$$= \frac{2bc + b^2 + c^2 - a^2}{2bc} \times \frac{2bc - b^2 - c^2 + a^2}{2bc}$$
$$= \frac{(b+c)^2 - a^2}{2bc} \times \frac{a^2 - (b-c)^2}{2bc}$$
$$= \frac{1}{4b^2c^2}(b+c+a)(b+c-a)(a+b-c)(a-b+c)$$

ここで $a + b + c = 2s$ とおくと，

$$b + c - a = 2s - 2a, \quad a - b + c = 2s - 2b, \quad a + b - c = 2s - 2c$$

したがって，

$$1 - \cos^2 A = \frac{4s}{b^2c^2}(s-a)(s-b)(s-c)$$

であるから

$$S = \frac{1}{2}bc\sqrt{1 - \cos^2 A}$$
$$= \sqrt{s(s-a)(s-b)(s-c)}, \quad \text{ただし } s = \frac{a+b+c}{2}$$

　ヘロンはアレクサンドリアで活躍した人であるが，生没年は不詳である．著書その他からアルキメデス（紀元前3世紀）以後，パッポス（紀元後3世紀）以前の人で，紀元1～2世紀頃の人であろう．ヘロンには『照準儀について』（dioptra）とか『測量術』（metrics）といった著書が残されているが，彼は水時計その他の自動装置など，機械の組立てや用法に関する研究で有名であり，幾何学や力学を実際に応用した技術者であったと思われる．

　さて，ヘロンの公式を上のように三角比の応用として扱えば，生徒もヘロン自身がこのような方法で公式を発見したものと思うであろう．しかし，この頃は三角比などの計算は行われていなかったのであって，ヘロンは次項のような巧妙な幾何学的方法によって公式を導きだしているのである．

6-2 ヘロン自身が行った幾何学的方法

　右の図でOは $\triangle ABC$ の内接円の中心，D, E, F は各辺との接点である．当然，OD = OE = OF，円外の点から円へ引いた2つの接線の長さは等しいから BD = BF，AF = AE，CD = CE が成り立つ．いま，AF = CH とすると，

$$BH = s = \frac{1}{2}(a+b+c)$$

$$S = BH \cdot OD$$

である．OからOBに，CからBCへ，それぞれ垂線を立て て，その交点をKとする．

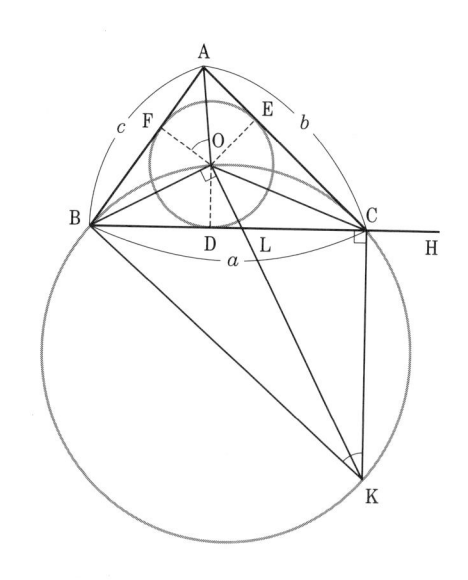

$\angle BOK = \angle BCK = $ 直角 であるから，4点 O, B, K, C は BK を直径とする同一円周上にある．

　円に内接する四角形の対角の和は2直角に等しいから

$$\angle COB + \angle BKC = 2\,\text{直角} \quad \cdots\cdots (1)$$

OA, OB, OC は $\angle EOF, \angle DOF, \angle EOD$ をそれぞれ2等分しているから，$\angle AOF + \angle BOD + \angle COD = 2$ 直角，したがって

$$\angle AOF + \angle COB = 2\,\text{直角} \quad \cdots\cdots (2)$$

(1), (2) より $\angle AOF = \angle BKC$ $\therefore \triangle AOF$ と $\triangle BKC$ は相似

$$\therefore \frac{BC}{CK} = \frac{AF}{OF} = \frac{CH}{OD} \quad (AF = CH, \; OF = OD \; だから)$$

$$\therefore \frac{BC}{CH} = \frac{CK}{OD} \quad \cdots\cdots (3)$$

次に，△LCK と △LDO は相似だから $\dfrac{CK}{OD} = \dfrac{CL}{LD}$ ……(4)

(3), (4) より $\dfrac{BC}{CH} = \dfrac{CL}{LD}$

$$\therefore \dfrac{BC + CH}{CH} = \dfrac{CL + LD}{LD}$$

$$\therefore \dfrac{BH}{CH} = \dfrac{CD}{LD}$$

$$\dfrac{BH^2}{CH \cdot BH} = \dfrac{CD \cdot BD}{LD \cdot BD} \quad \cdots\cdots (5)$$

△OBL において ∠BOL = 直角 だから $OD^2 = LD \cdot BD$ ……(6)

(5), (6) より $\dfrac{BH^2}{CH \cdot BH} = \dfrac{CD \cdot BD}{OD^2}$ $\therefore BH^2 \cdot OD^2 = CH \cdot BH \cdot CD \cdot BD$

$$\therefore S = BH \cdot OD = \sqrt{BH \cdot CH \cdot BD \cdot CD} = \sqrt{s(s-a)(s-b)(s-c)}$$

6-3　ヘロンが書いているもう一つの方法

ところで，ヘロンは『測量術』のなかで，三辺から三角形の面積を求めるもう一つの方法をあげている．その方法というのは，次の図から C の角が鋭角か鈍角かによって $c^2 = a^2 + b^2 \pm 2a \cdot CD$ が成り立つことから，これから CD が求められる．そうすると，$AD^2 = b^2 - CD^2$ により AD が求められるから，$S = \dfrac{1}{2} a \cdot AD$ によって面積を求めることができるというものである(ヒース『ギリシア数学史』).

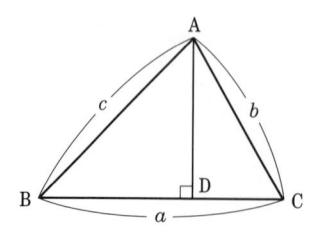

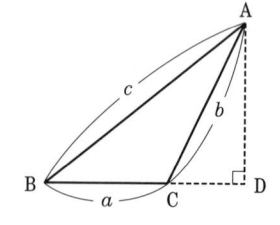

実はこの計算を行えば，ヘロンの公式は導かれるのであるが，彼の代数の力ではできなかったようである．ギリシア時代は幾何学が中心で代数はあまり発達しなかった．2次方程式になる問題なども幾何学的に解かれている．

さて，上の方法を詳しく書いてみよう．高校生なら十分理解できる．

前頁の左図から $AD^2 = c^2 - (a-CD)^2$，$AD^2 = b^2 - CD^2$ であるから，$c^2 - (a-CD)^2 = b^2 - CD^2$ となり，整理すると $c^2 = a^2 + b^2 - 2a \cdot CD$，これより $CD = \dfrac{a^2 + b^2 - c^2}{2a}$ が得られる．

CD が求まれば AD も次のように計算できる：

$$AD^2 = b^2 - CD^2 = (b+CD)(b-CD)$$
$$= \left(b + \frac{a^2+b^2-c^2}{2a}\right) \times \left(b - \frac{a^2+b^2-c^2}{2a}\right)$$
$$= \frac{(a+b)^2 - c^2}{2a} \times \frac{c^2 - (a-b)^2}{2a}$$
$$= \frac{1}{4a^2}(a+b+c)(a+b-c)(a+c-b)(b+c-a)$$

この計算は最初に書いた三角比を使う計算と全く同じである．ゆえに，

$$AD = \frac{1}{2a}\sqrt{(a+b+c)(a+b-c)(a+c-b)(b+c-a)}$$

これを $S = \dfrac{1}{2} a \cdot AD$ に代入すると

$$S = \sqrt{\frac{a+b+c}{2} \cdot \frac{a+b-c}{2} \cdot \frac{a+c-b}{2} \cdot \frac{b+c-a}{2}}$$
$$= \sqrt{s(s-a)(s-b)(s-c)}$$

6-4 インドの数学書にでている三辺から面積を求める方法

さて，ヘロンの後の方法はインドのバスカラの『リーラーヴァティー』（1150年頃）にも次のように書かれている：

（1） 三辺形において，両腕の和にそれら（両腕）の差を掛け，地で割り，その商で，二通りにおかれた地を減加し，半分にすれば，それぞれ両者（両腕）に対応する2射影線となる．

（2） 腕とそれ自身の射影線との平方の差の平方根をとれば垂線が生ずる．地の半分に垂線を掛ければ，三辺形における真の果（面積）となる．

インドでは，三角形の底辺にあたる部分を地，他の2辺を腕と呼んでいる．また，AD を垂線，BD, CD を射影線と呼ぶ．

(1)を現代の記号で書いてみると次のようになる：

$$\mathrm{CD} = \frac{1}{2}\left\{a + \frac{(b+c)(b-c)}{a}\right\}$$

$$\mathrm{BD} = \frac{1}{2}\left\{a - \frac{(b+c)(b-c)}{a}\right\}$$

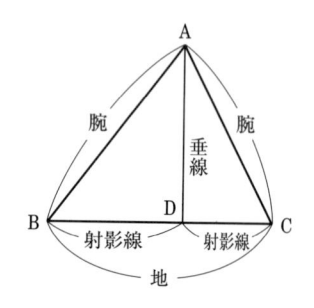

また，(2)を現代の記号で書けば次のようになる：

$$\mathrm{AD} = \sqrt{b^2 - \mathrm{CD}^2} = \sqrt{c^2 - \mathrm{BD}^2}, \qquad S = \frac{1}{2}a \cdot \mathrm{AD}$$

$b^2 - c^2$ のところを $(b+c)(b-c)$ としているのは，実際の計算ではこの方が簡単だからである．バスカラもヘロンと同様にこの計算を行っているが，ヘロンの公式を導きだすまでにはいたらなかった．

実際にこの方法で三辺のわかっている右図のような三角形の面積を計算してみよう．

$$\mathrm{CD} = \frac{1}{2}\left\{15 + \frac{(14-13)(14+13)}{15}\right\}$$
$$= \frac{42}{5} = 8.4$$

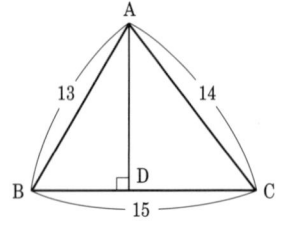

$$AD = \sqrt{14^2 - 8.4^2} = \sqrt{125.44} = 11.2$$
$$S = \frac{1}{2} \times 15 \times 11.2 = 84$$

6-5 三辺から面積を求める和算家の方法

　さて，三辺から面積を計算するには，CD または BD を求めることが必要であるが，江戸時代の和算家 村瀬義益は『算法勿憚改(ふつだんかい)』(1683年)で，これを図の助けを借りて次のように求めている．この算書の名前は「過則勿憚改」(過ちてはすなわち改むるに憚(はばか)ることなかれ)という言葉から取られたものである．

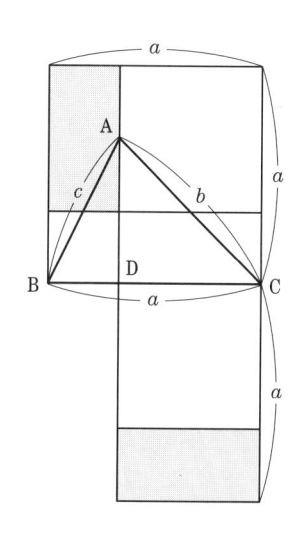

　右図の記号を用いて，$b^2 - CD^2 = c^2 - BD^2$ から
$$b^2 - c^2 = CD^2 - BD^2$$
この式の両辺に a^2 を加えると
$$(b^2 - c^2) + a^2 = CD^2 - BD^2 + a^2$$
図から $a^2 - BD^2$ に CD^2 を加えると，縦 $2a$，横 CD の長方形の面積になることがわかる．したがって，
$$(b^2 - c^2) + a^2 = 2a \cdot CD$$
これから次の式が得られる：
$$CD = \frac{1}{2a} \cdot \{a^2 + (b^2 - c^2)\} = \frac{1}{2}\left(a + \frac{b^2 - c^2}{a}\right)$$
これも一つの方法である．

6-6　中国数学書にある三辺から面積を求める方法

　中国の南宋時代の秦九韶（しんきゅうしょう）の『数書九章』（1247年）という本に，3辺の長さから三角形の面積を求める次の様な方法が書かれている：

　「以小斜冪，併大斜冪，減中斜冪，余半之，自乗于上，以小斜冪乗大斜冪，減上，四約之為実，開平方得積」

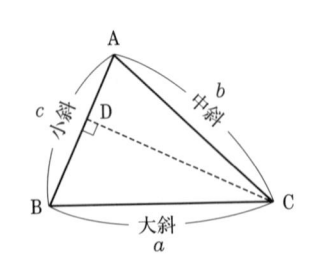

右の図を参考にして，これを現代の記号で書けば次のようになる：

$$S = \sqrt{\frac{1}{4}\left\{a^2c^2 - \left(\frac{a^2+c^2-b^2}{2}\right)^2\right\}}$$

この式は次のようにして導かれる．$BD = \dfrac{a^2+c^2-b^2}{2a}$ であるから，

$$AD = \sqrt{c^2 - BD^2} = \sqrt{c^2 - \left(\frac{a^2+c^2-b^2}{2a}\right)^2}$$

$$S = \frac{1}{2}a \cdot AD = \frac{1}{2}a\sqrt{c^2 - \left(\frac{a^2+c^2-b^2}{2a}\right)^2}$$

$$= \sqrt{\frac{1}{4}\left\{a^2c^2 - \left(\frac{a^2+c^2-b^2}{2}\right)^2\right\}}$$

　これは，バスカラの本にでている計算を一歩進めたものであるが，これから先の計算を続けてヘロンの公式を導きだすまでにはいたらなかった．便利な記号がなかった当時としては，これから先の計算がいかに難しかったかが想像できる．現在のわれわれには簡単な計算なので，読者自ら導いてほしい．

6-7　ヘロンの公式のもう一つの幾何学的証明法

　最後に，ヘロンの公式の幾何学的証明を一つあげておくことにする．ヘロ

6-7 ヘロンの公式のもう一つの幾何学的証明法

ン自身の方法は極めて技巧的なものであったが，次に紹介する方法は常識的でわかりやすい．こういう証明では，誰が，どのようにして考えだしたのかと疑問をもつ．完成した証明をただ機械的に理解するだけでは意味がないという人もいるのだが，証明の論理の筋道をたどって理解することが幾何学の勉強になるのであり，いろいろな証明を学ぶことによって証明のコツのようなものが体得されるものなのである．

下の図で三角形の内接円の中心を I，内接円と三辺との接点を E, F, G，各頂点から接点までの距離を x, y, z とする．

円外の点から円へ引いた2本の接線の長さが等しいことから次の式が成り立つ：

$$2(x+y+z) = a+b+c \quad \text{から} \quad x+y+z = \frac{a+b+c}{2} = s$$

$$\therefore \begin{cases} x = s-(y+z) = s-a \\ y = s-(x+z) = s-b \\ z = s-(x+y) = s-c \end{cases}$$

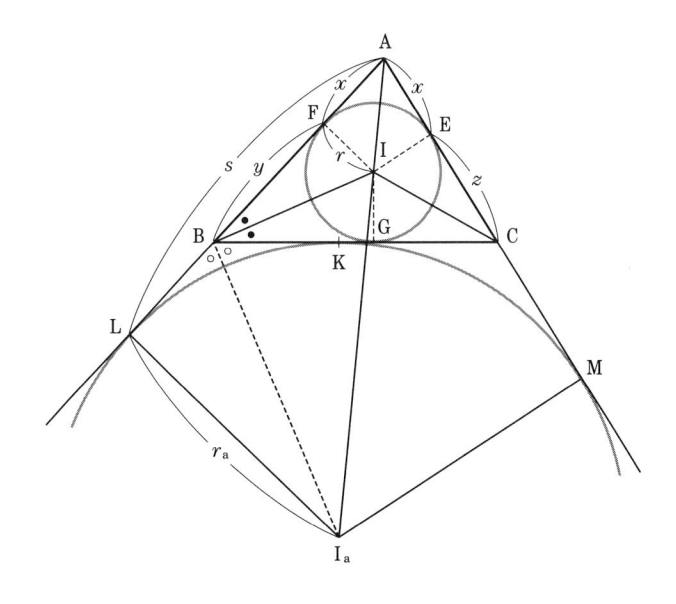

次に∠BAC内の傍接円を描いて，BCおよびAB, ACの延長との接点をK, L, Mとする（傍接円とは，三角形の一辺と他の二辺の延長線とに接する円である）．AL = AM, BL = BK, CK = CMである．

$$AL = AB + BL = AB + BK, \quad AM = AC + CM = AC + CK$$

$$\therefore\ 2AL = AB + AC + BK + CK = AB + AC + BC = a + b + c$$

$$\therefore\ AL = \frac{a+b+c}{2} = s, \quad BL = AL - AB = s - c$$

内接円の半径を r とすると

$$S = \triangle IBC の面積 + \triangle IAC の面積 + \triangle IAB の面積$$

$$= \frac{ra}{2} + \frac{rb}{2} + \frac{rc}{2} = \frac{r(a+b+c)}{2} = rs$$

次に傍接円の中心を I_a，半径を r_a とすると，$\triangle AFI$ と $\triangle ALI_a$ は相似であるから，

$$\therefore\ AF : AL = x : s = r : r_a$$

$$\therefore\ rs = xr_a = r_a(s-a)$$

$$\therefore\ S^2 = rs \cdot r_a(s-a) = r \cdot r_a \cdot s(s-a) \quad \cdots\cdots (*)$$

次に，$\angle IBI_a =$ 直角 であるから，$\triangle IBF$ と $\triangle BI_aL$ は相似である．したがって，

$$\frac{r}{s-b} = \frac{s-c}{r_a} \quad \therefore\ r\, r_a = (s-b)(s-c)$$

この関係を（*）の式へ代入すると

$$S^2 = r\, r_a\, s(s-a) = s(s-a)(s-b)(s-c)$$

$$\therefore\ S = \sqrt{s(s-a)(s-b)(s-c)}$$

7. コンパス，三角定規，分度器の由来

7-1 コンパスと定規のはじまり

　エジプトのピラミッドは正四角錐で底面の四辺は東西南北を向いている．東西南北の方向は次のような方法で定められる．

　地面にOを中心として同心円を描いておく．Oに棒を鉛直に立てる．鉛直方向は重りをつけた糸を下げればすぐわかる．太陽光線による棒の影の長さが午前と午後で等しくなる位置A，Bをみつける．ABが東西の方向になる．ABの中点Cと棒の位置Oを結ぶと南北の方向になる．

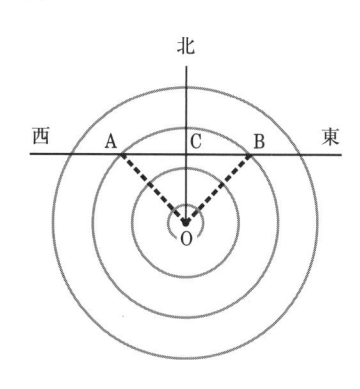

　エジプトでは縄張り師という職業があって，彼らの間では，三辺の比が 3：4：5 の三角形が直角三角形になることが知られていて，それを利用して直角を作ったともいわれている．直線は縄をピンと張れば描ける．また円は美しい図形として古くから絵画などにも使われているが，地上に描くときには，紐の一端を杭に固定して他の端をもって一周すれば容易に描くことができる．

　直線を引いたり，正方形を書いたり，円を書いたりすることは古代社会でも必要であったはずだから，定規やコンパスのようなものがあったに違いない．幾何学でもユークリッドの『原論』の公準（要請）に，直線を引くこと，円を描くことがでているから，それらを書くための直線定規とコンパスはあったに違いない．ただ具体的にどういうものであったかはわからない．

7. コンパス，三角定規，分度器の由来

さて，中国の山東嘉祥県の南東，紫雲山の麓に武氏の祠堂というのがある．これは後漢末の地方豪族武氏の一族を祭ったものであるが，この祠堂（西暦2世紀前半）の石室に彫られた造像の中に，伝説上中国最初の帝王といわれる伏羲とその妹（妻？）で女帝の女媧の像が刻まれている．中国ではこの二人が天地人を創造したといわれているのである．図のように，蛇身人面で，この二人が手にもっているのが規（コンパス）と矩（さしがね，直角定規）といわれるものである．ここに描かれているコンパス，定規は現在のものとはかなり違っている．我々は普通，三角定規と書くが，規はコンパスを表す文字である．

この図に描かれているコンパスは現在のような角度式コンパスではなくて長さ式コンパスとでもいうものである．これは，次頁上の左図のように，中心になるBは横木Aに沿って動かすことができるようになっていて，半径BCの大きさを変えることができるようになっているわけである．江戸時代にはこれと同じ形の鉄製のコンパスが使われている．

7-1 コンパスと定規のはじまり

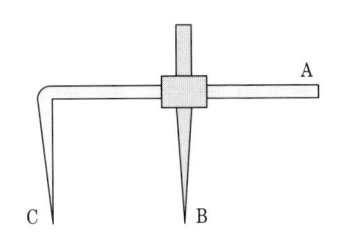

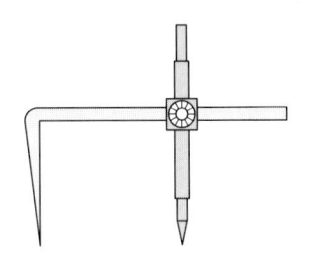

また，最初の直角定規は右の図のような簡単なものだった．恐らく紙の上に書いた直角の縁に沿って細長い 2 枚の板を固定して作ったもので，筋交いを入れるとしっかり固定される．西洋の直角定規も日本の大工さんが使う曲尺(かねじゃく)のようなもので鉄でつくれば筋交いはいらない．

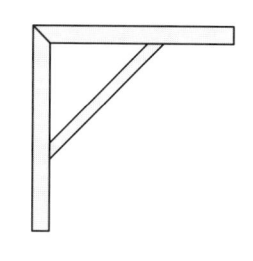

紙の上に直角をつくるには，まず直線を引いて，それを左右が重なるように折れば，折った線はもとの直線と直角になる．

ところで，どうして天地を創造した神が定規とコンパスをもっているのかという疑問があると思う．古代中国では天円地方といって，大地は正方形の形で，天はそれを覆っている丸い形であるという説があった．そのため天の形を描く規（コンパス）と地の形を描く矩（直角定規）を天地創造の二神がもっていても不思議ではないのである．むしろ当然のことだといってよい．人間は大地の恵みによって生きている．太陽の光や天からの雨によって大地は潤う．天の動きによって季節が変わる．このように天と地は人間生活の規範となるものだったから，それを描く規と矩からなる規矩(きく)は手本や規則など物事の基準となるものをいう言葉になった．物事のもととなる標準のことを規準という．準は水平を計る水準器のことで，古くは"みずもり（水盛）"といわれていた．また，規矩準縄(きくじゅんじょう)という言葉があるが，縄は大工さんが使っている長い直線を引くための"すみなわ（墨縄）"のことで，この言葉は基

192   7. コンパス，三角定規，分度器の由来

準となる図形を描くときに必要な道具の名前を集めたものなのである．これから一定の基準となる法度(はっと)，標準という意味に使われるようになったのである．

　西洋の定規とコンパスの図は16世紀の本においてみられる．ドイツのデューラー(1471～1528)の有名な銅版画に『メランコリア』(1514年)というのがある．翼をもった女性の憂鬱質(ゆううつ)(メランコリー)が現在のコンパスをもっている．『哲学の真珠』(1583年，グレゴール・ライシュ著，スイスのバーゼル刊)という本には幾何学を擬人化した下図のような絵がある(『天球の音楽』平凡社)．中央で幾何図形を描いている女性が幾何学を象徴している．また周辺には幾何学を使って仕事をしている人が描かれている．

7-2　日本での定規とコンパスのはじまり

　日本では太閤検地のように大がかりな測量事業は古くから行われていた．測量技術は田畑の測量だけでなく，河川の土木工事などにも必要なもので幕府では普請方(ふしんかた)という役職の武士たちの間でも学ばれていた．測量技術は，"規矩術"とか"町見術(ちょうけんじゅつ)"などと呼ばれていた．町見術は"遠近の町間を見積もる"という意味である．日本ではコンパスのことを円規といった．規矩術の規は円規の規のことで，矩は曲尺または直角の形の定規のことである．規矩術は定規とコンパスで縮図を書いて測量する方法で，長崎でオランダ人から伝えられたものといわれている．日本に古くからあった町見術と区別してそう呼んだようである．

　日本ではコンパスを円規のほか両脚器とも呼んだ．西洋の測量術を学ぶようになってから，円規にコンパスと振り仮名をしたり，"根発"とか"渾発"のような漢字を当てて書いたりするようになった．松宮俊仍の『分度餘術(じょう)』(享保13年，1728年)に次のように書かれている：

　「蠻規(ばんき)を紅毛人(オランダ人)は伯亜爾(パッスル)，譜危利亜人(イギリス人)は根伯亜(コンパス)という．紅毛人は羅鍼盤(ラシンバン)のことを根伯亜と呼んでいる」

　また，島田道恒の『規矩元法　町見辨疑(べんぎ)』(享保19年，1734年)には次のように書かれている．

　「根発又渾発の字をもって此の器の字とす．此器もと蠻制なり．蠻名にして文字なし．コンパスと云も阿蘭陀(オランダ)の語にはあらず．拂郎察(フランス)国の語なり．阿蘭陀にては是をパスルと云．唐人は是を円規と書く．此器は拂郎察国の人始めて長崎に持来れり．故に今に至りて拂郎察国の名を用ゆるものなり．今の世紅毛人の持来れる所の円規に奇巧の製造多し」

　「円規に奇巧の製造多し」と書かれているが，古い数学史の本にでている17世紀の数学器具の中には，次の図のようなかなり精巧ないろいろなコン

7. コンパス，三角定規，分度器の由来

パスが掲げられている．

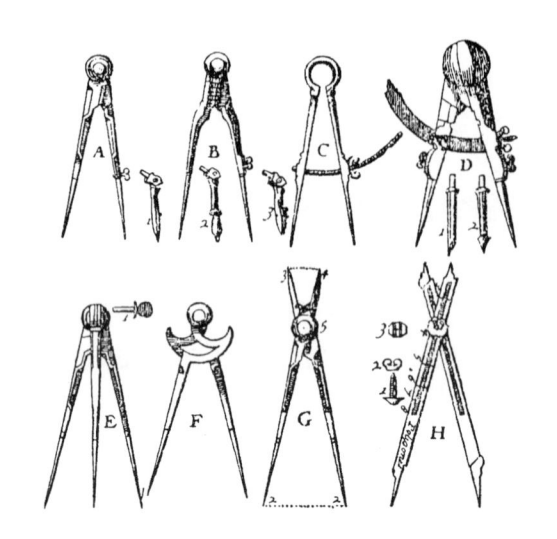

　コンパスは辞書をみると古フランス語とか俗ラテン語が起源で「compassare（com＝共に＋passus＝歩くこと，同じ歩み→コンパス）」からでたものだと書かれている．"同じ歩み"が"コンパスの開きを一定に保つ"ということに通じるからである．

　さて，日本の江戸時代に使われたコンパスはどのようなものだったか．村井中漸の『算法童子問』(1781年) という本には円規と書いて"こんぱす"と仮名がつけられているが，右の図とともに次のように説明されている．

「円規とは蠻語にコンパスという．その

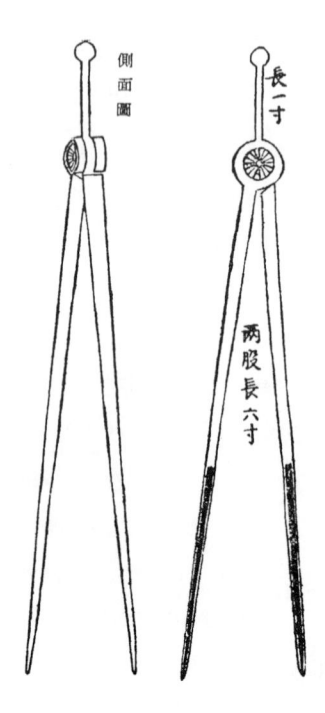

7-2 日本での定規とコンパスのはじまり

製、塾鉄または黄銅を以て作る分廻なり。左右二股にして，末尖り，溝をほる事2寸，左溝に朱を貯え，右溝に墨を貯う．上の二股合う所に要釘を打ちて，或いは開き，或いはふさぐ．自由ならしむ．その味は，甘からず苦からざるをよしとす．これ測量必要の要具なり」

図のような側面図も載せられていて，「世上町見の書に載せたるは皆表裏二枚合わせなり．当流には三枚合わせを用ふ」と書かれている．いろいろと工夫改良されたものが作られていたらしい．この図をみるとコンパスの全長は7寸（21 cm）あり，かなり大きいものである．実用上，コンパスは紙の上に円を描くだけでなく，これに鎖をつけて測量器具としても利用していたのである．あまり小さくては測量の用には役立たないわけである．

江戸時代には筆を挟むようにしたコンパスもあった．私が小学生の頃は，鉛筆の芯ではなく鉛筆そのものを挟んで使うコンパスが多かった．製図用のコンパス（中コンパス）もあったが，小学生には高価なものであった．

現在使っているようなコンパスはいつ頃作られるようになったのだろうか．

片山三平の『日本製図器械工業史』（昭和43年，1968年）に「江州日野

の生まれで、鉄砲鍛冶 和田熊吉の次男であった和田貞一郎が、明治2年（1869年）に初めて仏蘭西式のコンパスを作った．これがわが国における洋式文廻しや烏口等即ち製図機製造の元祖である」と書かれているから、本格的に大量生産されるのは明治になってからのことである．ここにも使われているが、コンパスは"分廻し""文廻し"などと書かれることもあった．

7-3 三角定規のはじまり

現在使っている三角定規はいつ頃から使われたのだろうか．前にも述べたように、直角をつくるものは日本の曲尺のようなもので、今のような三角形になるのは19世紀になってからのことである．

山田昌邦の『幾何実用』（明治6年）に三角規 triangular square として次のように書かれている：

「三角規は木片を以て製す．三角の中央に一孔を穿開せるは畫図家をして容易に此器具の位置を換えしむる為なり」

明治初期の三角定規は、現在のような30°，60°と45°の2枚が一組になったものではなかった．直角を描くのが目的だったから曲尺の名残で縦横が1：2、極端なのは4：9くらいのものまであったようである．角度にすると25°と65°くらいになる．

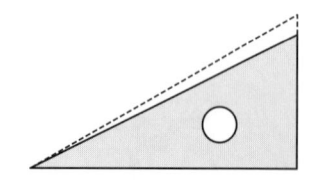

関口開の『幾何初学』（明治7年）には次のように書かれていて直線定規だけが説明されている．

「幾何学の問題は図を画き或いは組立つるの法を説明する者也．此組立に就て最も必要なる器械は真直定規及両脚規（円規ともいう）也」

ところが、多賀章人の『図法一斑』（明治14年，1881年）になると三角定規とともにT定規まででてくる．

7-3 三角定規のはじまり

田口虎之助 編『高等小学幾何学』(明治25年, 1892年)には三角定規は現在の形の二組が説明されているから,この頃には我々が使っているようなものが普及していたようである.

「三角定規に甲乙二種あり. 甲は其角90度, 60度, 30度より成り, 乙は90度, 45度, 45度より成る. 此器は総ての直線及び平行線を引くに適せりと雖も就中平行斜線を引くに最も必要なるものなり」

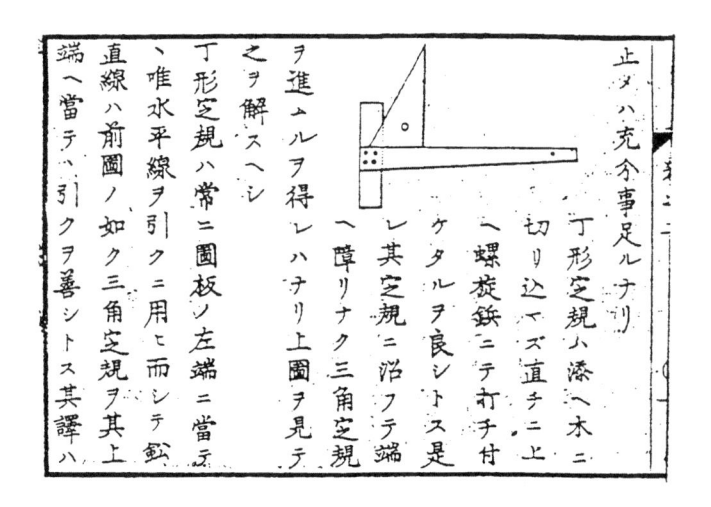

面白いのは, 福田半の『測量新式』(明治6年, 1873年)には, 三角定矩という見出しで,「此器ハ築城家ニ多ク用ユル処ナリ. 便用ニ従ッテ茲ニ挙用ス」と書いた後, 次のように説明されている.

「此器ハ鉄鎖或ハ盈縮セザル麻縄ヲ以テ, 三四五ノ矩ニ製シ, a, b, c ノ三角ニ黄銅ノ環ヲ繋ギ, 1フート斗リノ麻縄ヲ結ビ附ク. 長サハ一定ナシト雖モ ab ヲ十五「リンク」トスルトキハ ac ハ二十「リンク」, bc ハ二十五「リンク」ニ製スルヲ便用トス」

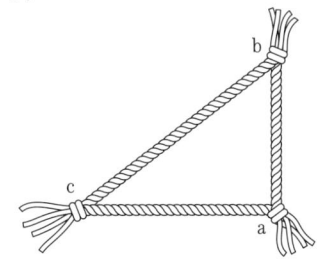

リンク（link）はヤードポンド法の長さの単位で約 20 cm である．これは野外で 3：4：5 で直角をつくる古代エジプト以来の方法である．福田の本にも三角定規の図がでているが，25°，65°くらいのものや直角を挟む 2 辺が 1：2 くらいの細長いものである．

7-4 分度器のはじまり

次に分度器について調べてみよう．

円または半円を等分して角度の目盛りをめもったものにはアストロラーベ（astrolabe）とかクワドラント（quadrant）という測量器具が古くから使われていた．アストロラーベはアストロつまり星を観測するために古代から使われた道具である．

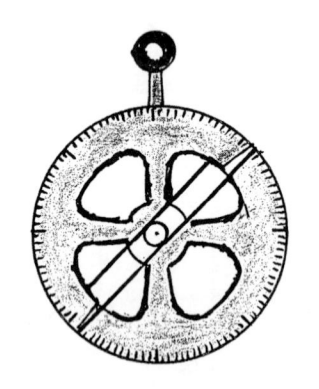

またクワドラントは主に地上での測量に利用されたもので四分円に角度をめもったものである．紙の上に作図するために薄型のものもあったようである．

アストロラーベ

これらの測量器具は江戸時代に日本へ伝えられていた．広沢細井知慎の『秘伝地域図法大全書』（享保 2 年，1717 年）に次のように書かれている：

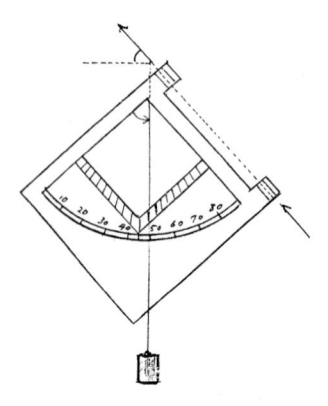

「クワタランテイト云テアリ．蠻語ハ此方ノ人ノ耳ニヨッテカワリテ聞ユルナリ．ソレヲ仮名ニカキテ伝ルユヘニ相違多シ．此器象限儀ト漢ニテ云．天ノ円ヲ四ツニ割テ天度ヲウカガウ妙器也．地域ヲ図スルニ北極ヲ定ム

クワドラント

7-4 分度器のはじまり

ルノミナラズ，勾配ヲ見ル要器也」

クワドラントは南蛮の航海術を伝えた『元和航海書』(1618年)にすでに紹介されていた．

1回転の角を360度とすることはバビロニア時代から行われていたこともあり，目盛りは直角を90度とするものであった．度は英語では degree であるが，これは「de ＋ ラテン語 gradus (段，地位)」から作られたもので，踏み段とか程度という意味の言葉である．漢字の度は"ものさし"の意味で，それから計量値の基準として，尺度，温度，角度などのように使われるようになったのである．度という漢字は"尺とり虫のように手尺で長さを測る"ことを表しているという．古くから度量衡という言葉が使われている．量は容量，衡は"はかり"のことである．

さて，クワドラントは日本へも伝えられているが，日本における測量では方位を問題にしたから「方位盤」とか「分度盤」として使われている．この分度盤の上に指方器といわれるものを置いて対象物を見通して方位を決めるわけである．

方位は12支で表したので(p.99参照)，円周は12等分された．北を子，東を卯，南を午，西を酉のように表すのである．さらに詳しく測るときは，それを10等分して"子の八分"のように表した．単位の1/10は何でも"分"で表したのである．1目盛りは3度だから，子の八分は北から24度東の方位を表している．現在の角度の単位とは異なるものである．

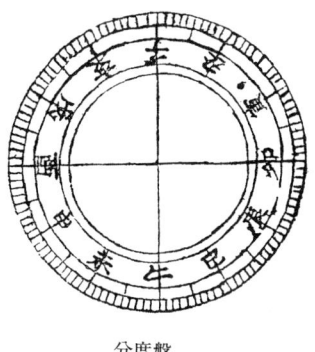

分度盤

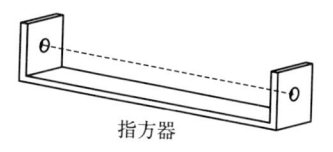

指方器

測量の記録を元にして図を描くときには，いろいろな分度器が使われた．

伊能忠敬の測量術について，門人の渡辺 慎が書いた『量地伝習録』(1824年頃)には次のような分度矩というものが説明されている：

「分度矩(ぶんどのかね)は真鍮(しんちゅう)にて造りたるは重くして悪し．下絵図を引くとき，紙上にて数々用ゆるゆえ，とかく軽きものをよしとするに依てイタメ紙を半円形に造り円心のところ2分四方ばかり切抜き，東西南北より引き出したる筋より，髪毛かスガ糸(菅糸；生糸一本を生のままでよらずに用いるときにいう)を墨に染めて十文字に張るなり．この十文字はすなわち分度矩の円心にて，これを以て絵図を引くとき針穴へ当て，それぞれ方角を定むるなり」

また清水流伝書『国図枢要』(年代不詳)には，正方形の板に円形の穴を開けた製図用具が載っている．

「樫を以て五寸四方に矩(かね，直角)を合わせて作り，四方六面を取り(へりを斜めに削り)四方共に五寸(約 15 cm)の分寸を盛る．中に四寸の円を彫り，これも大面を取り，12 に割り分を盛るべし(30度ずつに割りさらに10分の1の目盛りをつける)．裏より十字の糸を張る．分度の代りに用ゆ．内の12は方角に用い，外の分寸は分間の所に用ゆ．一器物にして分度・曲尺を兼ぬ．分度(矩)は(方位に合わせるために)廻すによりて違を生ず．此器便利なるを以て虎を放つにたとえ虎放器というなり」

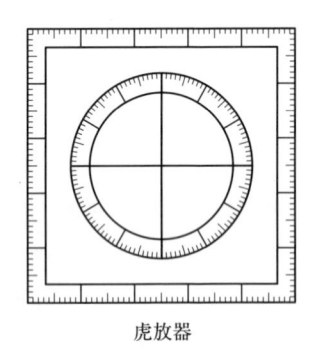

虎放器

虎法(放)器というのは「クワトロアント」などといっていた音に漢字を当てはめたものであろうといわれている．

製図に都合の良いようにいろいろな分度矩が作られている．例えば物差しの先に30度分の円弧をつけたようなものもある．渡辺 慎の本には半円盤の方位盤もでている．

これらは測量の結果をもとにして地図を描くためのものであるが，現在の分度器の原形といってよいものである．ここで注意しておきたいことは，江戸時代に発達した和算には角度という考えがなかったことである．三角形は三斜つまり三辺形といった．三角という言葉も使われていたが，それは角ではなくて"かど"の意味であった．屋根の傾斜などは"何寸勾配"のように表していたわけである．

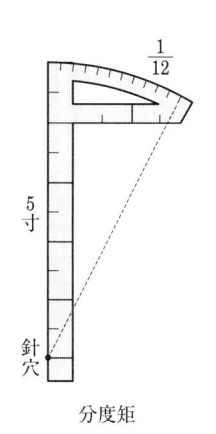

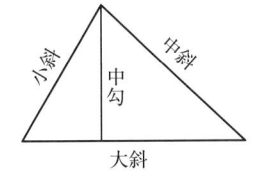

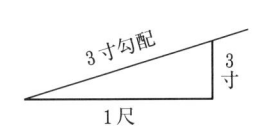

円周を 360 等分して 1 度とする現在のような角の単位は西洋数学を学ぶようになってから取り入れられたものである．角度の概念が現れるのは中国の算書を通じて三角関数表が伝わってからである．ただこの場合も角度は円弧のことであった．

中根元圭の『八線表算法解義』には「円周 360 度整（ちょうどの意味），これを四割して 90 度を象限とす．その度数はなお天度の若干里と云うべからざるがごとく，里歩尺寸を以て測る数にあらず．ただ円周の 360 分の 1 を名付けて 1 度と云うと知るべし」と書かれている．現在のような分度器は明治初年の数学書にでてくるが，西洋数学書によって伝えられたものである．多分 19 世紀になってから作られたものと思う．分度器は英語で circular とか semicircular という．ただ"分度"という名称はたびたび述べたように江戸時代にすでに使われていたものである．

参 考 文 献

執筆にあたり，一部を引用させていただいた本は該当本文中に記載しておいた．ここではさらに進んだ学習を希望する人へお薦めする参考書を掲げておく．大きな図書館でないと見られないものが多いかもしれない．

◆数式編◆

第1章 古代の数学については次の本がよい．著者は古代科学史の第一人者である．

　　　（1）　O.ノイゲバウアー 著，矢野道雄 他訳『古代の精密科学』（恒星社厚生閣，1984）

　度量衡（計量単位）については次の本をお薦めする．

　　　（2）　小泉袈裟勝 著『歴史の中の単位』（総合科学出版，1974）

第2章 古典からの引用が多く，これ1冊でピタゴラスのことがよくわかる次の本をお薦めする．

　　　（3）　S.K.ヘニンガー Jr.著，山田耕士 他訳『天球の音楽（ピタゴラス宇宙論とルネサンス詩学）』（平凡社，1990）

第3章 アラビア，インドなどの数学には次の本が参考になる．

　　　（4）　伊東俊太郎 編『数学の歴史 II，中世の数学』（共立出版，1987）

　また，次の本の第4章「記号代数の発達と方程式の解法」も参考になる．

　　　（5）　片野善一郎 著『数学史の利用』（共立出版，1995）

第4章 引用したのは，中国の数学書や和算書のため一般には入手できない．鶴亀算の最初にでてくる『孫子算経』は次の本の付録に収録されている．

　　　（6）　沢田吾一 著『日本数学史講話』（刀江書院，1928）

また，『算法童子問』は次の校註書が出版されている．

　（7）　大矢真一 校註『算法童子問』（大紘書院，1942）

第5章　問題を引用した本は本文中にすべて掲げておいた．最後の小町算を取り上げている『勘者御伽雙紙』については次の訳註書が出版されている．

　（8）　大矢真一 訳註『勘者御伽雙紙』（大紘書院，1942）

第6章　多くの本から素材を集めたもので，利息の歴史だけをまとめた本はない．中国やインドの数学書の何冊かは日本語訳が出版されている．和算書も何冊か復刻されているが，容易に入手できる1冊だけを紹介しておく．

　（9）　矢野道雄 他編『インド天文学・数学集』（朝日出版社，1980）

　（10）　薮内清 他編『中国天文学・数学集』（朝日出版社，1980）

　（11）　吉田光由 著，大矢真一 校注『塵劫記』（岩波文庫，1977）

第7章　暦の歴史を書いた本は多いが信用できる次の2冊だけを紹介しておく．

　（12）　渡辺敏夫 著『暦のすべて（その歴史と文化）』（雄山閣，1980）

　（13）　青木信仰 著『時と暦』（東京大学出版会，1982）

◆図形編◆

第1章　私が参考にしている『原論』の日本語訳は，中村幸四郎 他訳『ユークリッド原論』（共立出版），池田美恵 訳『エウクレイデス原論』（世界の名著9，中央公論社）であるが，それを見ても専門家でない人にはつまらない．私は次の本をお薦めする．

　（14）　黒田孝郎 著『三角形の二辺の和はなぜ他の一辺より大きいか』（日本評論社，1989）

　（15）　黒田孝郎 著『文明における数学』（三省堂，1986）

　（16）　伊東俊太郎 著『ギリシア人の数学』（講談社学術文庫，1990）

第2章

　（17）　窪田忠彦 著『初等幾何学作図問題』（内田老鶴圃，1974）

初等幾何の作図問題がどういうものか知るのには次の本をお薦めする．

  (18) 矢野健太郎 著，一松 信 解説『角の三等分』（日本評論社，1984）

第3章 いわゆる等周問題であるが，パッポスやゼノドロスについては次の本を参照した．

  (19) T. L. ヒース 著，平田 寛 他訳『ギリシア数学史 II 』（共立全書，1960）

また，具体的な取り扱いについては，少し古いが面白い本なので次に紹介しておく．

  (20) ラーデマッヘル 他著，山崎三郎 訳『数と図形』（創元社，1941）

第4章 円周率の歴史を集大成した次の本がある．

  (21) 平山 諦 著『円周率の歴史』（中教出版，1955）

アルキメデスの「円の計測」「球と円柱について」（三田博雄 訳）の2つは次の本に収録されている．

  (22) 『世界の名著9，ギリシアの科学』（中央公論社，1972）

第5章 アルキメデスの「球と円柱について」は(22)に収録されている．建部賢弘の『綴術』は，出版されている和算史では一部しか紹介されていないが，過去には全文が出版されたことがある．

  (23) 井上哲次郎 他監修，三枝博音 編纂『日本哲学全書第八巻，第二部自然哲学』所収（第一書房，1936）

第6章 ヘロンの公式については(4)，(9)，(10)，(19)を参照した．

第7章 この章も多くの本からの引用でつくられている．和算関係については次の本が参考になる．

  (24) 松崎利雄 著『江戸時代の測量術』（総合科学出版，1979）

また，雑誌に掲載されたものであるが，次のものは非常に参考になったので紹介しておく．

  (25) 野口泰助 著『日本の作図の歴史』（「数学史研究」134号，1992）

著者略歴

片野善一郎(かたのぜんいちろう)　1925年　東京都出身，東京物理学校(現 東京理科大学)高等師範科数学部卒業，元 富士短期大学教授(専門は数学史，数学教育史，科学史)

著書(単行本)　『教師のための数学史』『数学用語の由来』『数学史を利用した教材研究』(明治図書)；『数学史の利用』(共立出版)；『数字と数学記号の歴史』(共著)『数学用語と記号ものがたり』『素顔の数学者たち』(裳華房)；『授業に役立つ数学史』『授業に役立つ数学の話』(東京書籍指導書)；『数の世界雑学事典』(日本実業出版)；『数学と社会』『自然科学史概論』(富士短大出版部)，その他

大人の初等数学　―式と図形のおもしろ数学史―

2006年5月25日　第1版発行

検印省略

定価はカバーに表示してあります．

著作者　　片野善一郎
発行者　　吉野達治
発行所　　東京都千代田区四番町8番地
　　　　　電話　(03)3262-9166〜9
　　　　　株式会社　裳華房
印刷所　　横山印刷株式会社
製本所　　板倉製本印刷株式会社

社団法人
自然科学書協会会員

Ⓡ〈日本複写権センター委託出版物〉
本書の全部または一部を無断で複写複製(コピー)することは，著作権法上での例外を除き，禁じられています．くわしくは日本複写権センター(☎ 03-3401-2382)にご相談ください．

ISBN 4-7853-1541-5

ⓒ 片野善一郎, 2006　　Printed in Japan

2006年5月現在

■数学選書■

1 線型代数学　佐武一郎著　定価3360円
2 ベクトル解析　岩堀長慶著　定価5145円
3 解析関数(新版)　田村二郎著　定価4515円
4 ルベーグ積分入門　伊藤清三著　定価4200円
5 多様体入門　松島与三著　定価4620円
6 可換体論(新版)　永田雅宜著　定価4725円
9 代数概論　森田康夫著　定価4515円
10 代数幾何学　宮西正宜著　定価4935円
11 リーマン幾何学　酒井隆著　定価6300円
12 複素解析概論　野口潤次郎著　定価4830円
13 偏微分方程式論入門　井川満著　定価4515円

■数学シリーズ■

集合と位相　内田伏一著　定価2730円
代数入門 ―群と加群―　堀田良之著　定価3255円
多変数の微分積分　大森英樹著　定価3150円
位相幾何学　加藤十吉著　定価3990円
関数解析　増田久弥著　定価3150円
数理統計学(改訂版)　稲垣宣生著　定価3780円
微分積分学　難波誠著　定価2940円
測度と積分　折原明夫著　定価3675円
確率論　福島正俊著　定価3150円

微分積分読本 ―1変数―　小林昭七著　定価2415円
続微分積分読本 ―多変数―　小林昭七著　定価2415円
線形代数演習　内田・高木・剱持・浦川共著　定価2520円
微分積分演習　岡安・吉野・高橋・武元共著　定価2730円
応用解析セミナー微分方程式　垣田髙夫著　定価1785円
応用解析セミナー数値計算　大石進一著　定価2310円
物理数学コース常微分方程式　渋谷・内田共著　定価1995円
物理数学コース偏微分方程式　渋谷・内田共著　定価1890円
物理数学コースフーリエ解析　井町・内田共著　定価1890円
曲線と曲面 ―微分幾何的アプローチ―　梅原・山田共著　定価2835円
位相入門　内田伏一著　定価2310円
解析入門 ―級数/複素関数ベクトル解析―　浦川肇著　定価2205円
リー代数入門　佐藤肇著　定価2100円
位相幾何入門　小宮克弘著　定価2415円
複素解析へのアプローチ　山本・坂田共著　定価2415円
フーリエ解析へのアプローチ　長瀬・齋藤共著　定価2415円

裳華房ホームページ　http://www.shokabo.co.jp/